Astrid Braun-Höller
Katharina Pohl

Wie hätten Sie's denn gern?

Astrid Braun-Höller
Katharina Pohl

Wie hätten Sie's denn gern?

Erfolgsrezepte für ein glückliches Berufsleben

Bibliografische Information der Deutschen
Nationalbibliothek

Die Deutsche Nationalbibliothek verzeichnet diese
Publikation in der Deutschen Nationalbibliografie;
detaillierte bibliografische Daten sind im Internet
über http://dnb.d-nb.de abrufbar.

ISBN 978-3-86936-757-6

Lektorat: Lina Raake, GABAL Verlag, Offenbach
Umschlaggestaltung: Martin Zech Design, Bremen |
www.martinzech.de
Layoutkonzept: Romana Schuld
Illustrationen: Katharina Pohl
Autorenfotos: Arne Flander
Satz: Das Herstellungsbüro, Hamburg |
www.buch-herstellungsbuero.de
Druck und Bindung: Salzland Druck, Staßfurt

www.gabal-verlag.de
www.twitter.com/gabalbuecher
www.facebook.com/Gabalbuecher

Empfehlung des Tages

GRUSS AUS DER KÜCHE

Statt mit einem Amuse-Gueule überraschen wir Sie mit einem Amuse-Job, der aus Ihrem Berufsleben eine Genusswelt macht. Kosten Sie aus unseren Töpfen. Sie müssen nur Ihrem Appetit folgen und können sich das Menü ganz nach Ihrem Gusto zusammenstellen – auch wenn Sie mit dem Dessert beginnen wollen.

WIR BITTEN ZU TISCH.

APPETIZER

EIN REZEPTBUCH der etwas anderen Art. Mit leicht verdaulichen Verarbeitungshinweisen, Zutatenlisten und Geheimtipps. Nicht geeignet für die Zubereitung von Linseneintopf, Brathühnchen oder Armen Rittern. Sondern zusammengestellt **FÜR EIN GLÜCKLICHES BERUFSLEBEN**.

Serviert werden Ihnen Erfolgsrezepte zum Nachkochen, die Sie je nach Geschmack mit Ihrer individuellen Würze verfeinern können. Berufliche Tipps als Schritt-für-Schritt-Anleitungen, geschmackvoll, energiegeladen und reich an lebenswichtigen Inhaltsstoffen. Mit Liebe für Sie ausgesucht und auf dem Silbertablett serviert.

DAS BUCH IST ERÖFFNET.
GREIFEN SIE ZU.

Wenn du
    immer wieder
das zubereitest,
was du schon immer
        gekocht hast –
wirst du bekommen,
    was du schon immer
auf deinem Teller hattest.

INHALTSVERZEICHNIS

EINGEMACHTES

DESSERT

TYPOLOGIE

Wie Sie mit Kollegen und anderen Futterneidern professionell umgehen

DIGESTIF

LEBENS-MITTEL-KUNDE

ZUTATEN, DIE SIE IMMER GRIFFBEREIT AUF VORRAT HABEN SOLLTEN

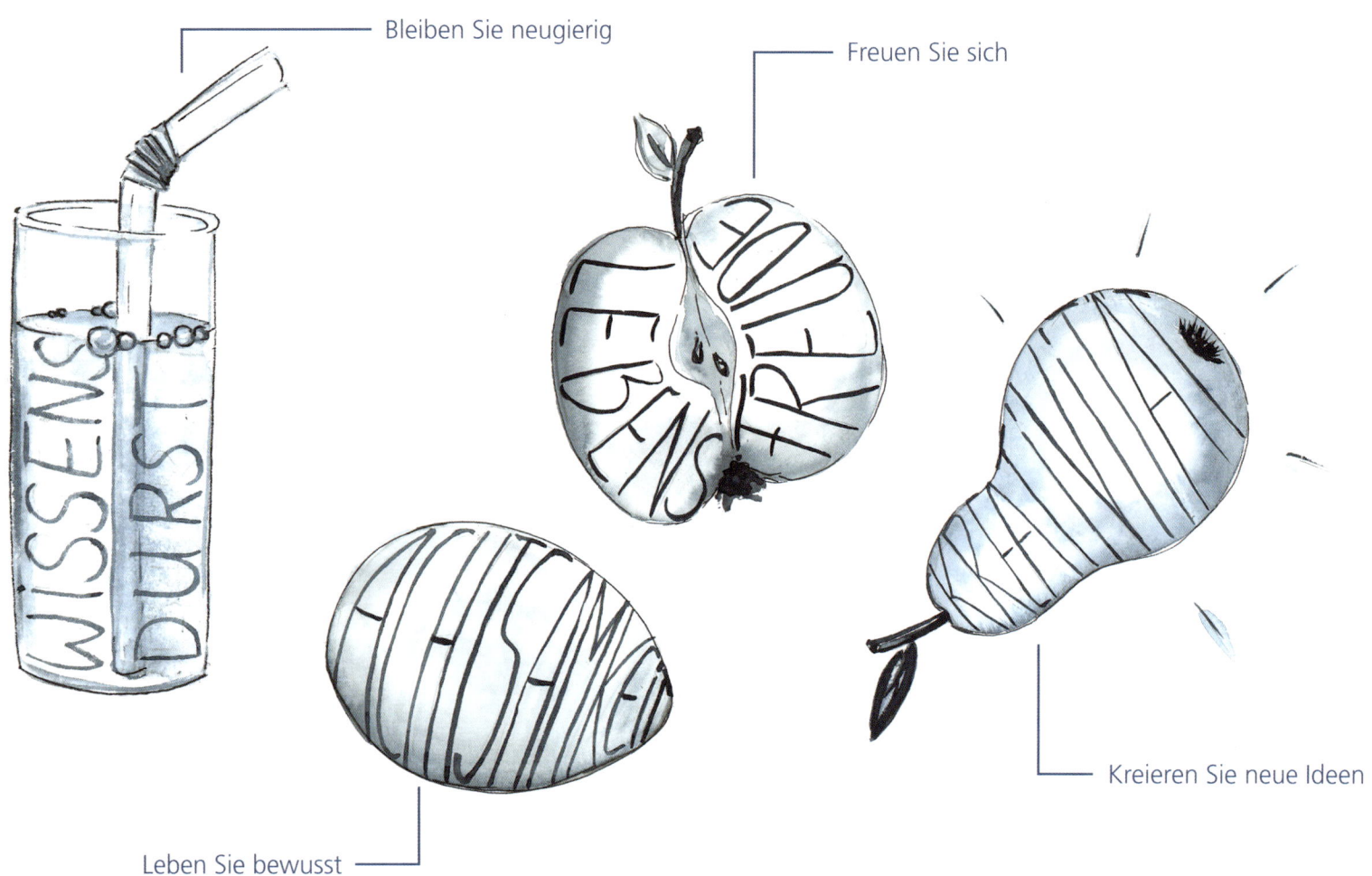

Bleiben Sie neugierig

Freuen Sie sich

Kreieren Sie neue Ideen

Leben Sie bewusst

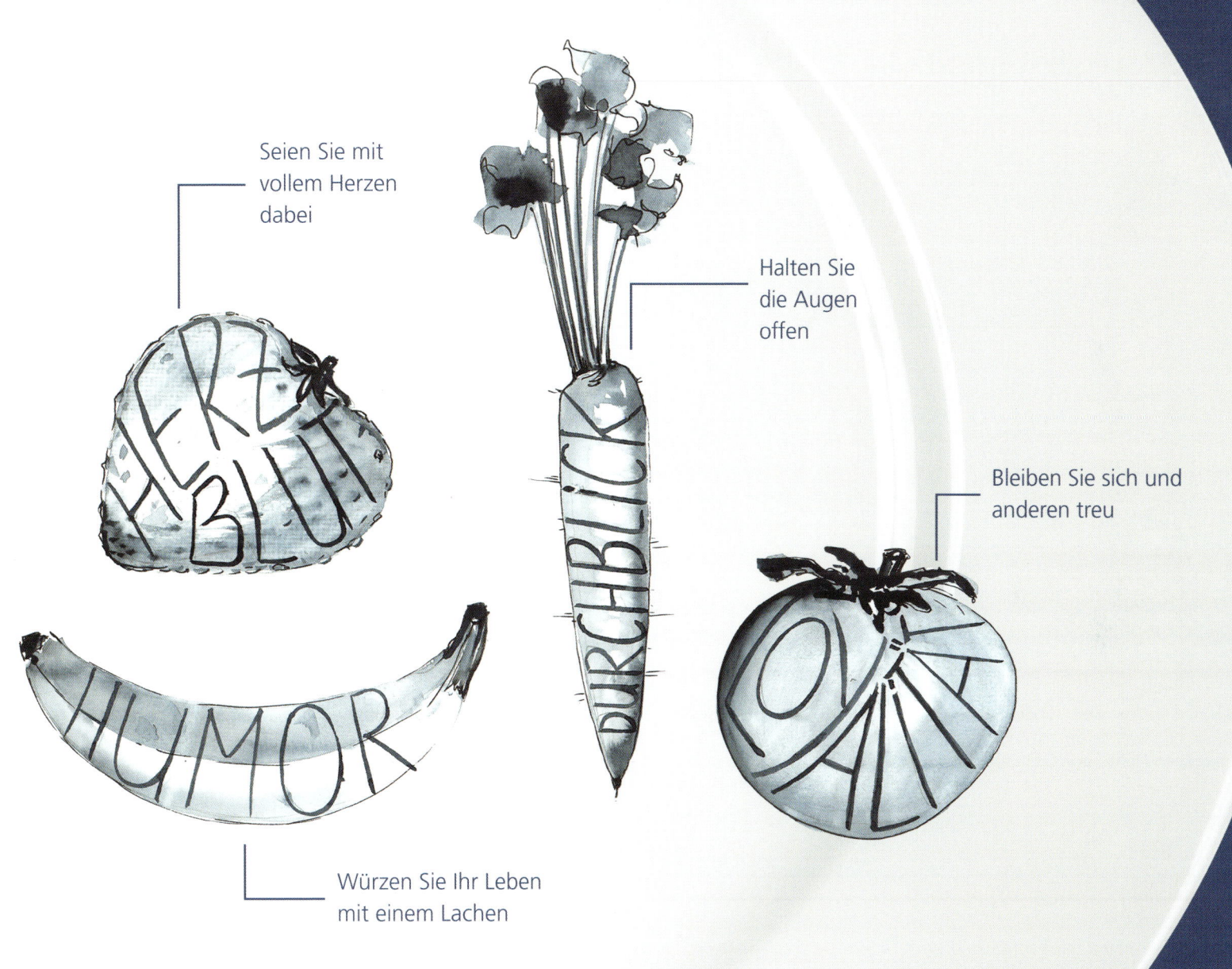

Seien Sie mit
vollem Herzen
dabei

Halten Sie
die Augen
offen

Bleiben Sie sich und
anderen treu

Würzen Sie Ihr Leben
mit einem Lachen

13

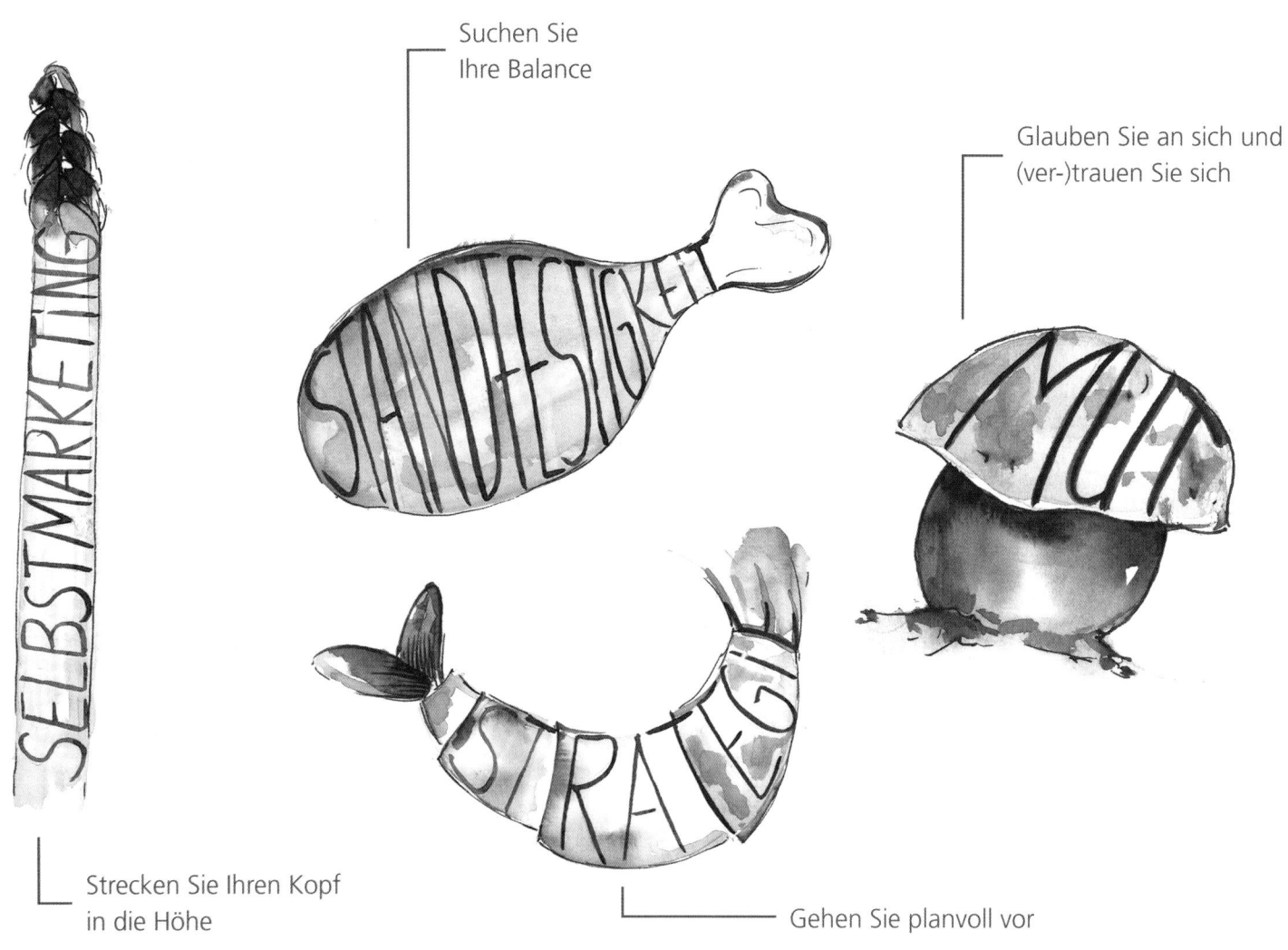

Suchen Sie
Ihre Balance

Glauben Sie an sich und
(ver-)trauen Sie sich

SELBSTMARKETING

STANDFESTIGKEIT

STRATEGIE

MUT

Strecken Sie Ihren Kopf
in die Höhe

Gehen Sie planvoll vor

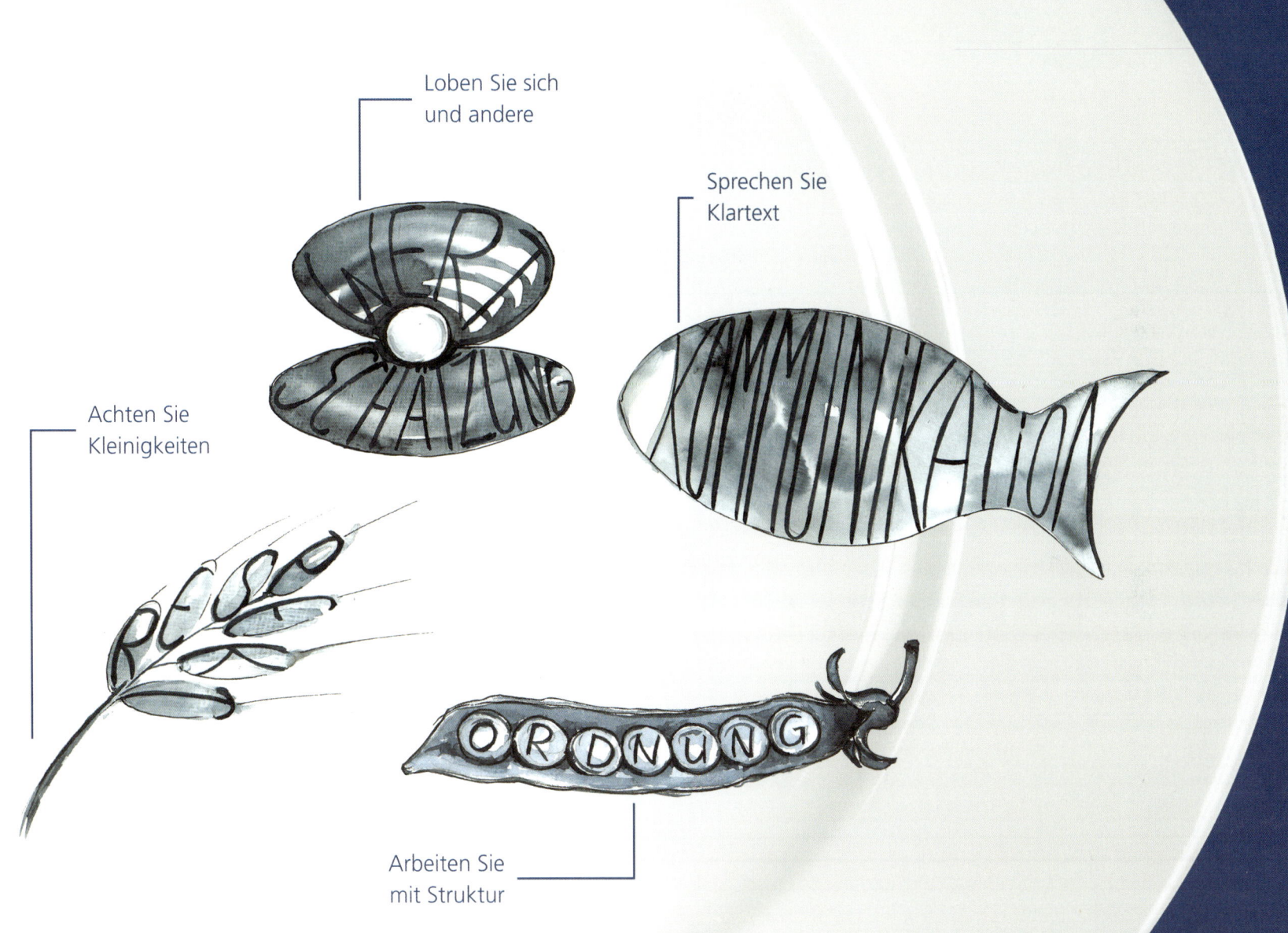

Loben Sie sich
und andere

Sprechen Sie
Klartext

Achten Sie
Kleinigkeiten

Arbeiten Sie
mit Struktur

VORSPEISEN

Lassen Sie sich den Mund auf eine Vielfalt von Möglichkeiten und Chancen wässrig machen.

Holen Sie sich Appetit auf mehr und WERDEN SIE GERNE ZUM NIMMERSATT.

Eine gute Arbeit
sollte mit
Hunger beginnen.

KALT-WARME VORSPEISENPLATTE

WAS SIE KALTLASSEN SOLLTE:

Hausgemachte Kollegensülze
Gerüchteküche, Klüngeleien, Mobbing

✦

Altbackene Neidpäckchen mit Minderwertigkeits-Kruste
Missgunst, Eifersucht, Lästereien

✦

Süß-saures Intrigen-Carpaccio mit kaltgepresstem Ego-Öl
Machenschaften, Ränkespiele, Verschlagenheit

✦

Ausgekochte Überheblichkeitsterrine mit Macho-Senf
Respektlosigkeit, Arroganz, Selbstüberschätzung

✦

Zähes Opferlamm an Selbstmitleid-Pesto
Jammern, Klagen, Unzufriedenheit

✦

Eiskalte Schlacht-Platte an eigenem Vorteil
Ausbeuten, Ausnutzen, Schmarotzen

✦

Rohes Schuld-Tatar an Hackordnung
Anschwärzen, Bezichtigen, Unterstellen

Wofür Sie sich erwärmen sollten:

Vielseitige Weiterbildungs-Wraps
Neugier pflegen, Wissen ausbauen, Experte werden

✦

Frisch gebackene Motivationshäppchen mit Mut-Dip
Eigeninitiative zeigen, Impulse geben, Unbekanntes probieren

✦

Charismatische Persönlichkeitsbällchen mit Charakterfüllung
Kritikfähigkeit ausbauen, Konflikte professionell lösen, Fehler eingestehen

✦

Süße Zufriedenheits-Datteln im Speckmantel
Positivität, Zuversicht, Vertrauen

✦

Homogenisierte Kooperations-Rösti
Teamgeist, Integration, Synergien

✦

Anregendes Begeisterungs-Omelett
Leidenschaft, Herzblut, Identifikation

✦

Wohltemperiertes Gelassenheits-Risotto
Ruhe, Unvoreingenommenheit, Loslassen

✦

Gehaltvolle Führungskraft-Brühe
Planvoll, transparent, wertschätzend

✦

Selbst gebratene Extrawürste
Erfolge feiern, sich anerkennen, sich belohnen

HAUPTSPEISEN

Wir lüpfen die Deckel und weihen Sie in die Geheimnisse eines glücklichen Berufslebens ein.

SCHAUEN SIE UNS RUHIG IN DIE TÖPFE UND HABEN SIE FREUDE DARAN.

Die geheime Zutat
ist immer Freude.

WIE SIE ANDEREN – AUCH DEM CHEFKOCH – ZEIGEN, WAS SIE AUF DER PFANNE HABEN

Das kennen Sie sicher auch: Der Kollege kocht zwar auch nur mit Wasser und seine Ideen sind längst nicht so dick bestrichen wie Ihre, aber Ihr Chef frisst ihm begeistert aus der Hand. Dieser Kollege versteht es, seine Fähigkeiten derart appetitlich anzurichten und zur richtigen Zeit am richtigen Ort zu servieren, dass ihm einfach niemand widerstehen kann – auch Sie nicht! So lassen Sie sich bereitwillig zur Beilage degradieren, statt sich eine dicke Scheibe Selbstmarketing von ihm abzuschneiden.

> Eine gute Idee und die besten Fähigkeiten sind keinen Pfifferling wert, wenn sie es nicht aus der Vorratskammer auf den Teller schaffen.

UNSER REZEPTVORSCHLAG:

GEBEN SIE À LA MINUTE BUTTER BEI DIE FISCHE

VORBEREITUNG

Arbeiten ist nicht immer ein Zuckerschlecken. Niemand fragt Sie, ob es vielleicht noch ein bisschen mehr Anerkennung sein darf. Ihr Arbeitgeber ist ein Feinschmecker, er will verführt und dann restlos satt gefüttert werden. Das schaffen Sie nicht, wenn Sie niemanden in Ihre Töpfe schauen lassen.

Hören Sie also auf, sich selbst zu deckeln. Nehmen Sie kein Feigenblatt vor den Mund und werden Sie sich Ihrer besonders exquisiten Zutaten, Ihrer einzigartigen Kompetenz-Mischung und Ihrer professionellen Ausstattung bewusst.

Finden Sie heraus, was Sie zukünftig zubereiten wollen und wie Sie Ihre Filetstücke am geschicktesten garnieren können.

ZUBEREITUNG

1. Zweifellos ist der beste Koch stets der, der sich vorher fragt, wer seine Gäste sind und was ihnen am besten schmeckt. Wer hat welche Vorlieben? Wen können Sie mit welchem Vorschlag überraschen und welche Unverträglichkeiten gibt es? Servieren Sie auf den Punkt genau das Rezept, nach dem man sich schon lange verzehrt.

2. Als Gastgeber bestimmen Sie die Sitzordnung. Wer sitzt auf welchem Stuhl der Tafel und wem räumen Sie vielleicht einen falschen Platz ein? Wer sitzt am Kopf, wer sitzt rechter Hand davon, wer hält die Tischrede und wo möchten Sie Ihr Plätzchen finden?

3. Kochen Sie mit Leidenschaft und den besten Zutaten, die Sie zur Verfügung haben. Präsentieren Sie das Ergebnis gut sichtbar mitten auf dem Büfett. Wenn nötig und angebracht auch auf dem Silbertablett. Vergessen Sie dabei auf keinen Fall den Mehrwert Ihrer Ideen zu nennen und Ihren Namen auf der Speisenkarte zu verewigen.

4. Sie dürfen sich dabei auch ganz explizit auf jedem sich bietenden sozialen Parkett empfehlen. Sorgen Sie einfach dafür, dass Sie in aller Munde sind.

5. Sicher ist es nicht jedermanns Sache, seine Ideen effektvoll als wunderkerzengarnierte Eisbombe beim Käptn's-Dinner platzen zu lassen. Wenn Sie aber dauerhaft nicht Fisch nicht Fleisch sind, werden Sie am langen Arm verhungern.

6. Strategische Geschmacksverstärker sind hier nicht nur erlaubt, sondern ausdrücklich erwünscht. Dabei sollten Sie weder an Stühlen sägen noch Süßholz raspeln oder den Mund zu voll nehmen. Sorgen Sie mit Authentizität und zielstrebigem Engagement dafür, dass sich alle am Tisch die Finger nach Ihren Lösungen lecken.

7. Auch hier gilt: Probieren geht über Studieren. Treten Sie Schritt für Schritt aus dem Dunstkreis Ihrer Komfortzone heraus. Lautes Trommeln auf den Töpfen gehört dazu – also schwingen Sie den Kochlöffel und geben Sie den Takt an. Sie werden sehen, wenn man einmal davon gekostet hat, bekommt man nicht genug davon.

GEHEIMTIPP

Besonders gut gelingt es Ihnen, wenn Sie sich zukünftig weder die Wurst noch die Butter vom Brot nehmen lassen.

VERARBEITUNGSHINWEIS

Wenn Sie Ihre Filetstücke ständig mit Ihren Schwächen übergießen, dürfen Sie sich nicht wundern, wenn Sie nur einen lauwarmen Eintopf servieren können. Stärken Sie stattdessen Ihre Stärken und vakuumieren Sie Ihre Schwächen, indem Sie sämtliche Luft aus ihnen lassen.

FERTIGREZEPT

Erheben Sie ruhig mal verbal die Kelle und klopfen Sie damit jedem auf die Finger, der Ihnen Ihren Platz an der Tafel streitig machen will:

»Es freut mich sehr, dass Sie von meiner Idee begeistert sind. Ich habe sie mit Sachverstand und Gefühl für das Problem entwickelt und finde es gut, dass Sie mich unterstützen.«

ZUTATEN

- alle vorhandenen Stärken

- ein klares Ziel

- eine durchdachte Strategie

- ein Esslöffel Gefühl für den perfekten Augenblick

- scharfer Durchblick

- zwei große Gläser Mut, um sich als Leckerbissen zu positionieren

- uneingeschränkte Treue, vor allem sich selbst gegenüber

- Kochlöffel zum Taktanschlagen

- Kelle zum Auf-die-Finger-Klopfen

WIE SIE IN FÜHRUNG GEHEN UND AUCH FRESSFEINDE NACH IHREM KOCHLÖFFEL TANZEN

Ein häufiger Irrtum ist, dass Führung bestenfalls den Stellenwert einer Brotbeigabe zum Vorspeisensalat hat – niemals aber ein Hauptgang ist. Führung erledigt sich aber nicht nebenbei wie die Kinderkarte im Rasthof. Nicht umsonst stinkt der Fisch ja auch vom Kopf her. Führung will gelernt sein, nur dann trägt sie maßgeblich zum Erfolg des Unternehmens bei. Wer aber meint, eine Führungskraft sei nur der, der am lautesten schreit und den Kochlöffel am bedrohlichsten über den Mitarbeitern kreisen lässt, riskiert, dass die schärfsten Messer in der Schublade abstumpfen und Dienst nach Vorschrift tun. Waren bis vor Kurzem die verkrusteten Hierarchien vom Küchenchef bis zur Kellnerin klar definiert, geht es heute mehr denn je darum, mit guten Manieren und Werten gemeinsam Ziele zu erreichen.

Gute Führung ist wie ein Fisch, der nach einem Meer aus Begeisterung, Teamarbeit und Effektivität duftet.

UNSER REZEPTVORSCHLAG:

KOMPETENTES LEADERSHIPCHEN MIT HERZHAFTER FÜLLUNG AUS PERSÖNLICHKEIT UND WERTSCHÄTZUNG

VORBEREITUNG

Wer Führung übernimmt, führt zuallererst sich selbst. Sie brauchen klare Rezepte zur eigenen Person, zu Ihrem Beruf, zum Unternehmen und zur Rolle gegenüber anderen sowie für die von Ihnen gelebte Küchenphilosophie.

Werfen Sie Fachkompetenz und Führungskompetenz nicht in einen Topf. Wenn Sie aufgrund Ihrer Qualifikation obere Etageren erklommen haben, sollten Sie sich die Fähigkeit, Ihr Team mit Stärke zu binden, bewusst erarbeiten.

Eine Führungskraft braucht die Genauigkeit eines Messlöffels, die Durchsetzungskraft eines Nudelholzes, den gestochen scharfen Verstand eines Eierpiksers, die Gewissenhaftigkeit eines Sparschälers und die Effizienz eines Nussknackers – Sie brauchen also Ihr gesamtes Team.

ZUBEREITUNG

1. Zunächst einmal benötigen Sie als Führungskraft drei exquisite Zutaten: einen innovativen Kopf, zwei erfahrene Hände und ein wertschätzendes Herz.

2. Dann brauchen Sie Ihr Team. Lernen Sie – zum Beispiel bei Begegnungen in der Kaffeeküche oder bei Mitarbeitergesprächen – Ihre Mitarbeiter und deren Potenziale kennen. So gelingt es, alle besonderen Fähigkeiten ins gemeinsame Erfolgsgericht mit einfließen zu lassen.

3. Eine Führungskraft, die die Küche nicht betritt, ist unglaubwürdig. Stellen Sie sich mit an den Herd und auch mal an die Spüle. Lernen Sie den Alltag Ihres Teams kennen und schaffen Sie ein vertrauensvolles und faires Klima.

4. Führung ist keine Machtposition und Kochen nicht unbedingt Chefsache. Achten Sie darauf, sich nicht nur für Ihre eigenen Ideen zu erwärmen. Lassen Sie Ihre Mitarbeiter mitmischen. Binden Sie sie auch bei schwierigen Menüs mit ein und bereiten Sie gemeinsam die vorgegebenen Gerichte zu.

5. Vertrauen Sie den Fähigkeiten Ihrer Mitarbeiter, aber geben Sie immer eine klare Orientierung. Behalten Sie alle Töpfe im Auge und organisieren Sie sich selbst à la minute.

6. Chefköche, die sich bei der Erstellung der Speisenkarte pausenlos umorientieren, legen eine ganze Küchenmannschaft lahm. Seien Sie nicht heute Granatapfel und morgen Feige; zeigen Sie Ihrem Team verlässliches Selbstbewusstsein, Ehrlichkeit und Entscheidungssicherheit.

7. Motivation ist Leberwurst, Begeisterung Leberpastete! Reißen Sie Ihr Team mit Offenheit, Respekt, Lob und Wertschätzung vom Küchenhocker.

8. Verstecken Sie sich bei Konflikten mit Vorgesetzten und Mitarbeitern nicht im Kühlregal. Hier heißt es für Führungspersonal: konstruktiv ran an den Speck, Fehler eingestehen, sich vor das Team stellen. Das flößt selbst Fressfeinden und Futterneidern nachhaltigen Respekt ein und fördert Ihre Vorbildfunktion.

9. Behalten Sie nicht nur das Tagesangebot im Blick, sondern entwickeln Sie auch als mutiger Visionär neue Kompositionen, Gerichte oder eine innovative Kochkultur und beziehen Sie Ihre Küchenmannschaft mit ein.

10. Vergessen Sie auf keinen Fall, dass Sie auch noch ein Leben jenseits von Schüttelbrot und Seeteufel haben. Pflegen Sie dieses ebenso wie Ihre Küchenfamilie. Denn Ihre Seele braucht Nahrung: Ohne Nachschub verlieren Sie Ihre Ausschanklizenz.

GEHEIMTIPP

Besonders gut gelingt es Ihnen, wenn Ihr tägliches Abendbrot aus einer dicken Scheibe Selbstreflexion besteht. Nur wenn Sie selbst eine klare, gelassene Kraftbrühe sind, in der Einlagen wie Selbstsicherheit und Verantwortungsbewusstsein schwimmen, können Ihre Mitarbeiter Vertrauen und gute Stimmung aus Ihnen schöpfen. Und übrigens – Erfolge gemeinsam feiern nicht vergessen!

VERARBEITUNGSHINWEIS

Gutbürgerlich, Haute Cuisine oder Molekularküche – Führungsstile gibt es viele, aber welcher passt zu Ihnen? Arbeiten Sie an Ihrem ganz individuellen Kommunikations- und Führungsstil, der Ihrer Persönlichkeit entspricht. Denn nur dann strahlen Sie die geforderte Authentizität aus.

FERTIGREZEPT

Fragen, die Sie sich als Führungsperson regelmäßig stellen sollten:

- Sind wir auf dem richtigen Weg?
- Bin ich Vorbild?
- Bleiben wir unseren Werten treu?
- Steigern wir den wirtschaftlichen Erfolg?
- Schaffe ich eine Kultur, in der alle leisten können und wollen?

ZUTATEN

- ein innovativer Kopf
- zwei erfahrene Hände
- ein Herz, randvoll mit Wertschätzung
- eine gute Mitarbeiterkenntnis
- je ein kräftiger Schuss Vertrauen, Offenheit, Respekt, Lob und Wertschätzung
- ein faires Klima
- gemeinsame Ziele
- klare Entscheidungssicherheit
- je eine Handvoll Begeisterung und Selbstreflexion

Wie Ihre Präsentation für Sie und Ihr Publikum ein unvergesslicher Hochgenuss wird

Eine Präsentation ist wie die Neueröffnung einer Erlebnisgastronomie. Aufgeregt und mit frisch gestärkter Schürze erwarten Sie Ihre ersten Gäste. Wochenlang haben Sie geplant, probegekocht, sicherheitshalber noch einmal die einzelnen Komponenten kontrolliert und einfach alles geschmackvoll aufeinander abgestimmt. Jetzt ist es so weit. Endlich dürfen Sie zeigen, was Sie auf der Pfanne haben. Dinner wie immer? Nein, denn Langeweile ist schon lange »aus«. Das ist der Moment, in dem Sie voller Stolz und Freude alle Gäste von den Stühlen reißen und Erwartungen nicht nur erfüllen, sondern auch übertreffen können.

> Eine Präsentation sollte unbedingt Spaß machen – dem Gast genauso wie dem, der sie serviert.

UNSER REZEPTVORSCHLAG:

ERLEBNISGASTRONOMIE CHEZ VOUS. EIN MENÜ MIT DEM GEWISSEN EXTRA

VORBEREITUNG

Beschäftigen Sie sich ausführlich mit der Gästeliste. Welche Vorlieben oder Unverträglichkeiten gibt es? Ein Gast, der sich in seinen Bedürfnissen verstanden fühlt, frisst Ihnen nur zu gerne aus der Hand.

Die Erlebnisgastronomie überlässt nichts dem Zufall. Informieren Sie sich genau über alle Gegebenheiten und überlegen Sie – von der Bestuhlung bis hin zum Ambiente – wie Sie Ihr Anliegen perfekt inszenieren können.

Definieren Sie Ihre Ziele, bevor es um die Wurst geht. Sollen Ihre Gäste satt und zufrieden aufstehen oder möchten Sie ihnen Motivations-Appetit auf einen Nachschlag machen?

ZUBEREITUNG

1. Befreien Sie die gut sortierten thematischen Filetstücke von überflüssigen Fetträndern. Schneiden Sie sie in mundgerechte Medaillons und würzen Sie sie ordentlich mit Ihrer persönlichen Note.

2. Suchen Sie dann nach einem roten Faden, gerne auch mit einer Messerspitze Humor. Schauen Sie sich dazu vielleicht in der Anekdotenkammer Ihres Unternehmens – vielleicht auch provokativ beim Konkurrenzunternehmen – um.

3. Denken Sie dann gründlich über die Zubereitungsart nach. Servieren Sie Ihre Inhalte für alle gut sichtbar am Flipchart, digital, pur oder mixen Sie einen Cocktail aus allem. Orientieren Sie sich dabei am Geschmack Ihrer Gäste.

4. Zu Beginn heißen Sie alle herzlich willkommen und zeigen Sie Ihre Vorfreude. Das wirkt wie ein feinperliger Aperitif, der Ihren Gästen mit einer neugierigen und erwartungsfrohen Stimmung in den Kopf steigt.

5. Beginnen Sie mit einem Gruß aus der Küche. Am besten servieren Sie damit gleich das übergeordnete Thema Ihres Menüs, das sich fädenziehenderweise in allen Gängen wiederfindet.

6. Sorgen Sie dann für knackige Inhalte, die saftig in Bildern verpackt, geschmeidig und leicht verständlich auf der Zunge zergehen.

7. Servieren Sie auch Trockenfutter, Schonkost oder Diäten als Überraschungsmenü.

8. Lassen Sie dabei keinen Ihrer Gäste lang auf seine Portion warten. Achten Sie aber unbedingt darauf, dass Sie beim Austeilen der Inhalte die Rangordnung der Gäste berücksichtigen. Alles sollte punktgenau,

nicht zu laut und nicht zu leise serviert werden.

9. Streuen Sie großzügig eine Handvoll besonderer Leckerlis mit ein – freche Details, witzige Karikaturen, irritierende Bilder, provokative Aussagen oder zum Nachdenken anregende Fragen.

10. Behalten Sie dabei Ihre Gäste die ganze Zeit im Auge. Bekommt jeder genug? Sonst sorgen Sie für eine zusätzliche Portion. Haben alle verstanden, was Sie auftischen? Sonst fragen Sie nach.

11. Anschließend gehen Sie von Tisch zu Tisch und erkundigen sich, wie es Ihren Gästen geschmeckt hat. Gehen Sie spontan auf Sonderwünsche ein und freuen Sie sich über Diskussionen und Feedback. So können Sie sicher sein, dass Ihre Gäste Sie gerne weiterempfehlen.

GEHEIMTIPP

Besonders gut gelingt es Ihnen, wenn Sie weder zu große noch zu kleine Portionen servieren. Überfütterte Gäste fallen sonst ins Suppenkoma, und wer hungrig aufsteht, kommt nie wieder.

VERARBEITUNGSHINWEIS

Lassen Sie während der Präsentation Ihre Motivation und Begeisterung in die Gläser Ihrer Gäste überschwappen. So können Sie mit Ihren Gästen auf Ihren Erfolg anstoßen.

FERTIGREZEPT

Legen Sie sich eine persönliche »No-Cook-Liste« an, die alle Zutaten beinhaltet, die Sie selber bei Präsentationen ungenießbar finden, und verwenden Sie keine davon.

ZUTATEN

- die richtigen thematischen Filetstücke
- persönliche Würznote
- ein fädenziehendes Motto
- ein gut gefüllter Methodenkorb
- ein Glas Freude-Aperitif
- eine durchdachte Sitzordnung
- knackige Inhalte in saftigen Bildern
- eine Handvoll besonderer Leckerlis
- eine ungeteilte Aufmerksamkeit für Ihre Gäste
- eine persönliche »No-Cook-Liste«

Wie Sie Projekte so managen, dass alles den perfekten Garpunkt erreicht

Sie dürfen ein anspruchsvolles VIP-Dinner-Projekt realisieren. Selbstverständlich soll die Veranstaltung das Event des Jahres werden, an das man sich noch lange erinnern wird. Nun geht es darum, mit dem gesamten Küchen- und Serviceteam das Beste vom Besten innerhalb der vorab kalkulierten Kosten – und ohne Messer im Handrücken – bissfest und punktgenau auf den Tisch zu bringen. Doch bis jede Sauciere und jedes Rechaud einschließlich der mehrstöckigen Sektglaspyramide auf seinem Platz steht, brauchen Sie ein Projektmanagement, das aus weit mehr als einer losen Rezeptsammlung besteht. Andernfalls wird aus einem anfangs enthusiastisch begonnenen Projekt eine frustrierte Suche nach dem Schuldigen, bei der schließlich die Schuldlosen gefressen und die gänzlich Unbeteiligten gefeiert werden.

> Projekte sind Ziele, die von Menschen realisiert werden. Man braucht daher vor allem ein Rezept für Menschen – und erst danach eins für die Ziele.

UNSER REZEPTVORSCHLAG:

SPARGELKOPF-BÜNDEL MIT KOMMUNIKATIONS-DURCHWACHSENEM MANAGEMENT

VORBEREITUNG

Gute Projektleiter sind nicht unbedingt die besten Köche. Sie haben es vielmehr auf der Pfanne, Bestände und Prozesse im Blick zu behalten. Vor allem aber schaffen sie es, die Küchencrew für eine perfekte Mousse au Chocolat so sehr zu begeistern, dass sie Stress, Überstunden und das Risiko noch nie probierter Rezepte in Kauf nehmen, um die ultimative Geschmacksexplosion zuzubereiten.

Als Projektleiter brauchen Sie Fachkenntnisse – aber ebenso wichtig sind eine starke Führungspersönlichkeit und eine mitreißende Kommunikation.

Die wichtigsten Bestandteile bei komplexen Projekten sind immer die beteiligten Menschen. Sie sollten sie wie Spargel mit einem gestrichenen Löffel Zucker und einer Extraportion Butter vorsichtig behandeln – ohne dass die wertvollen Köpfe leiden.

ZUBEREITUNG

1. Werfen Sie alle relevanten Informationen darüber, wie was wann und von wem zubereitet werden soll, in einen großen Projekt-Topf. Vergessen Sie dabei nicht, Ziele genau zu definieren – am besten schriftlich – und das Vorhaben sowohl zeitlich als auch mit einem Budget zu deckeln.

2. Trommeln Sie dann die richtigen Mitarbeiter an einen Tisch. Geben Sie sich dabei auf keinen Fall mit einem wahllos zusammengewürfelten Team aus gerade verfügbaren Kräften zufrieden. Kein Koch der Welt kann das, was er zufällig im Kühlschrank findet, in einen Michelin-Stern verwandeln.

3. Überlegen Sie sich, wie die Realisierung des gemeinsamen Ziels für jeden Beteiligten zu einem ganz persönlichen Leckerbissen wird. Begeistern und motivieren Sie Ihr Team für die gemeinsame Sache.

4. Teilen Sie nun den To-do-Kuchen in handliche Shortbread-Stücke auf, die Sie eindeutig zuweisen. Achten Sie darauf, dass die Etappenziele nicht zu groß sind. Sonst riskieren Sie, dass sich jemand festbeißt und den Gesamtablauf dadurch behindert.

5. Damit Sie nicht unnötig viel Zeit und Geld bei der Planung verbraten, kommen Sie so rasch wie möglich ins Handeln. Machen Sie sich klar, dass Sie in der Regel von allen Ressourcen zu wenig haben und daraus dennoch etwas Großartiges zaubern können, wenn Sie und Ihr Team genügend Motivation mitbringen.

6. Sorgen Sie mit regelmäßigen Meetings dafür, dass niemand zu lange im eigenen Saft schmort. Kommunizieren und analysieren Sie auftretende Krisenherde und berücksichtigen Sie nach Möglichkeit alle Steakholder.

back satt. So wie der verführerische Duft aus der Küche ein Festmahl ankündigt, können Sie und Ihr Team den Erfolg schon riechen.

Geheimtipp

Besonders gut gelingt es Ihnen, wenn Sie die Etappenziele mit Ihrem Team feiern und dabei ordentlich Lob ausschenken.

Verarbeitungshinweis

Regelmäßige Teambesprechungen, in denen alle auf einen einheitlichen Stand gebracht werden, ermöglichen ein frühzeitiges Nachwürzen oder Verlängern des Fonds.

Fertigrezept

Wenn sich Ihr Blick für das große Ganze vor lauter Tellerbergen und durch die Hitze des Küchengefechts in Rauch auflöst, dann servieren Sie sich und Ihrem Team immer wieder die schriftliche Zielformulierung.

7. Planen, steuern und leiten Sie alle Prozesse flexibel, dynamisch und pragmatisch. Rühren Sie dabei aber nicht in zu vielen Töpfen gleichzeitig und behalten Sie die Fortschritte Ihrer Brigade an den unterschiedlichen Küchenposten im Blick.

8. Ein komplexes Projekt reißt Ihr Team aus der Routine der kleinen Tageskarte raus. Nutzen Sie die Motivation dieser besonderen Herausforderung. Rationieren Sie Kontrollen und verteilen Sie stattdessen Vertrauen, Motivation und positives Feed-

Zutaten

- ein ganzer Topf fundierter Fachkenntnisse
- eine geschmacksintensive Führungspersönlichkeit
- mitreißende Kommunikation
- eine schriftliche Zieleliste
- ein konkreter Zeit- und Budgetplan
- die richtigen Köpfe im Team
- ein Schnapsglas Motivationsgeist
- gute Nerven
- Überblick bis zum Servieren

Wie Sie optimal loben und mit einer Extraportion Zucker motivieren

Hat es Ihnen geschmeckt? War alles recht? Ein unwirsches Nicken macht klar, dass die Abwesenheit einer Kritik und ein leerer Teller doch wirklich ausreichend Anerkennung sind.

Das schwäbische Rezept »Nicht geschimpft ist genug gelobt« sollte aber unwiederbringlich aus allen Kochbüchern gestrichen werden. Weiß man doch, dass der Mensch ohne ein gutes Wort verdurstet – mit einem einzigen frisch gezapften Lob jedoch wieder wie eine fruchtbare Oase im Saft steht.

Ein gutes und ehrliches Lob geht durch das Herz und darf nie ein Geschmäckle haben.

UNSER REZEPTVORSCHLAG:

LOB-BRINGDIENST MIT EXTRABELAG UND KOSTENLOSEM LIEFERSERVICE

VORBEREITUNG

Haben Sie heute schon gelobt? Nehmen Sie sich vor, täglich zwischen Frühstück und Abendbrot mindestens einem Menschen ein Lob zu servieren.

Dazu schärfen Sie Ihre Wahrnehmung. Setzen Sie sich Ihre Zuckerwattebrille auf und schauen Sie, was Ihnen positiv auffällt und wer Lorbeeren verdient.

Die gekonnte Zubereitung eines Lobes ist das wichtigste Küchenwerkzeug zur allgemeinen Motivation. Es lohnt sich, dieses regelmäßig zu benutzen und immer griffbereit zu halten.

ZUBEREITUNG

1. Stellen Sie sich vor, Sie seien ein Lob-Caterer. Liefern Sie Ihre Anerkennung immer so schnell wie möglich und höchstpersönlich an die richtige Adresse. Nur so bleibt es heiß und knusprig.

2. Nehmen Sie sich die Zeit, um Ihr Lob zu präsentieren, und schenken Sie Ihrem Gegenüber die Möglichkeit, den Ruhmtopf voll und ganz auszukosten.

3. Sprechen Sie Ihre Anerkennung nicht am großen Tisch, sondern eher unter vier Augen aus. Das steigert die Wertschätzung und die Motivation hält länger vor.

4. Loben Sie ehrlich und aufrichtig, aber wohldosiert. Zu viel Süßholzgeraspel bekommt jedem schlecht und macht Sie unglaubwürdig.

5. Vermeiden Sie Vergleiche mit anderen, denn Äpfel und Birnen sollte man nicht in einen Topf werfen.

6. Sagen Sie präzise und so detailreich wie möglich, was Ihnen besonders gut gemundet hat. So weiß Ihr Gegenüber das auch richtig einzuordnen.

7. Ein Lob ist so empfindlich und fragil wie ein Soufflé, das gerade aus dem Ofen kommt. Ein »Gut gemacht. *Aber* ...« lässt es wie durch einen kalten Lufthauch in sich zusammenfallen. Loben Sie also ohne Hintergedanken und schmieren Sie Ihrem Mitarbeiter nicht gleichzeitig eine Kritik aufs Brot.

8. Lob und Anerkennung sind die Power-riegel im Berufsleben. Ein Schulterklopfen, ein hochgereckter Daumen und ein gutes Wort machen satt, schenken Mut, Selbst-vertrauen und Motivation.

9. Sie können sich ruhig auch selber loben. Werfen Sie das Sprichwort »Eigenlob stinkt« auf den Komposthaufen und er-setzen Sie es mit »Eigenlob stimmt«. Denn das hat positiven Einfluss auf Ihre Stimmung und wirkt wie ein Espresso nach dem Essen.

GEHEIMTIPP

Besonders gut gelingt es Ihnen, wenn Sie sich daran erinnern, wie sehr Sie sich selbst die Finger nach einem Lob lecken.

VERARBEITUNGSHINWEIS

Wenn Sie sich positiv über andere äußern, fallen auch ein paar Kuchenstreusel auf Ihren Teller.

FERTIGREZEPT

Vorschläge aus der Lobkonserve:

- »Das haben Sie toll gemacht.«

- »Deine Mitarbeit ist sehr wertvoll für mich.«

- »Ihre neue Vision reißt mich mit.«

- »Es ist ein gutes Gefühl zu wissen, dass man sich auf Sie verlassen kann.«

- »Deine Präsentation hat mir ausgesprochen gut gefallen.«

ZUTATEN

- eine geschärfte positive Wahrnehmung

- mindestens ein dickes Lob am Tag

- wohldosierte gute Worte

- ein hochgereckter Daumen

- ein ehrlich gemeintes Schulterklopfen

- ein schneller und kostenloser Lobservice

- ein großes Glas Lorbeeren zum Verschenken

- ein großer Ruhmtopf zum Sammeln

WIE SIE GESPRÄCHE FÜHREN, WENN ES UM DIE GEHALTSWURST GEHT

Die kochende Leidenschaft für Ihren Job lässt Sie täglich mit viel Know-how gewürzte Filetstücke zubereiten. Umso ärgerlicher ist es, dass Sie dafür als Gehalt nur den mageren Gegenwert eines Schnitzels serviert bekommen. So langsam verhagelt Ihnen dieser Zustand nicht nur die Petersilie, sondern auch den Genuss an Ihrer Arbeit? Dann ist der Garpunkt erreicht, an dem Sie Ihrem Chefkoch einmal brühwarm erzählen, dass Ihre Arbeit eine größere Portion Honorierung verdient hat.

Wenn Sie ein Gehaltsgespräch führen, sollten Sie die Zutatenliste Ihrer Stärken mutig mit Ihrem Wert für das Unternehmen unterfüttern und auf einem Bouquet persönlicher Trüffelscheiben anrichten.

Unser Rezeptvorschlag:

Mehrwerthäppchen auf einem Bett besonderer Schmankerl

Vorbereitung

Wir alle lieben den Moment, wenn der Teller mit der hochglänzenden Silberhaube vor uns steht und sich dann – genau im richtigen Moment, wenn sich alle Aufmerksamkeit auf das richtet, was sich darunter offenbart – der Deckel hebt.

Der Wert der Produkte, die professionelle Art der Zubereitung, die Harmonie des Arrangements begeistern uns und lassen uns jeden Gedanken an die später zu zahlende Rechnung vergessen.

Inszenieren Sie den Wert und die Wichtigkeit Ihrer Fähigkeiten genauso. Überlassen sie nichts dem Zufall. Achten Sie auf jede Zutat, jede Dosierung und vor allem auf das richtige Timing, dann wird Ihrem Chef der Wert Ihrer Arbeit bewusst und er setzt dafür die Höhe Ihres Gehaltsschecks gerne ins richtige Verhältnis.

Zubereitung

1. Machen Sie sich Ihre Passionsfrüchte und deren unverzichtbare Bedeutung für Ihre Firma bewusst. Was lässt Sie zu einer wichtigen Zutat für den Unternehmenserfolg werden? Welche fachlichen Delikatessen erweitern seit der letzten Gehaltserhöhung Ihr Speiseangebot?

2. Schichten Sie Ihre Stärken abwechselnd mit besonders leckeren Beispielen aus Ihrer jüngsten Erfolgsgeschichte in eine feuerfeste Form. Schließlich sollen Ihre Fähigkeiten auch bei starker Hitze von oben nicht verbrennen, sondern glühend heiß in Erinnerung bleiben.

3. Definieren Sie realistische Ziele. Wie sieht Ihr Wunschmenü aus: mehr Geld, Fortbildungen, flexible Küchenzeiten oder mehr Urlaub?

4. Passen Sie den perfekten Zeitpunkt ab. Ein Gehaltsgespräch führen Sie am besten dann, wenn Sie frisch geerntete Kunden, kleingekochte Kosten oder neue Marktplätze auf der Tageskarte haben.

5. Achten Sie darauf, Ihrem Chef diese Schmankerl nie zwischen Küchentür und Mixer zu servieren. Verabreden Sie einen Termin. Etwa bei einem Tea for Two, bei dem Sie die volle Aufmerksamkeit Ihres Vorgesetzten genießen.

6. Überlegen Sie vorher, was Sie Ihrem Geldgeber als Erstes kredenzen. Ein nettes Kompliment als Gruß aus der Küche? Einen bunten Salat Ihrer Fähigkeiten als Appetizer? Oder direkt den Hauptgang mit knochenharten Forderungen? Richten Sie sich danach, wie Ihrem Chef die Gehaltswurst am besten schmeckt und wie er sie am leichtesten verdaut.

7. Zeigen Sie sich kompromissbereit, wenn sich Ihre Vorstellungen und die Ihres Chefs zunächst einmal beim Zwischengang treffen und das Dessert erst später in Aussicht gestellt wird. Balancieren Sie geschickt den Gehaltsspielraum aus und sorgen Sie dafür, dass Sie die Schüssel immer ganz auskratzen.

GEHEIMTIPP

Besonders gut gelingt es Ihnen, wenn Sie zum geeigneten Zeitpunkt noch ein paar zusätzliche Kaviarperlen Ihrer Erfolge aus dem Ärmel schütteln können.

VERARBEITUNGSHINWEIS

Es wird nicht nur gegessen, was aufs Konto kommt, sondern man darf und sollte um Nachschlag bitten. Aber packen Sie sich nicht zu viel auf einmal auf den Teller, das macht Sie unglaubwürdig.

FERTIGREZEPT

Hier ein paar Gehaltswürstchen aus der Dose:

- »Ich möchte mit Ihnen über den Wert meiner Arbeit sprechen.«

- »Für die Arbeit, die ich leiste, fühle ich mich nicht angemessen honoriert.«

- »Ich möchte über eine Gehaltserhöhung sprechen, da sich mein Verantwortungsbereich vergrößert hat.«

- »Ich möchte Ihnen anhand von folgenden Beispielen erläutern, warum meine Forderung nach mehr Gehalt aus meiner Sicht berechtigt ist.«

ZUTATEN

- so viele feuerfeste Stärken wie vorhanden

- ein Bouquet persönlicher Trüffelscheiben

- frische, tagesaktuelle Schmankerl zum Unterfüttern

- eine Portion zusätzlicher Kaviarperlen

- klar kommunizierte Vorstellungen

- ein perfektes Timing

Wie Sie ein heikles Thema leicht verdaulich auf den Tisch bringen

Da vergeht Ihnen doch glatt der Appetit! Schon am frühen Morgen riecht der Kollege nach allem anderen – nur nicht nach frisch aus dem Ei gepellt. Cool-Mint-Mundwasser oder Zitrus-fresh-Deo – Fehlanzeige. Die vom Kollegen verbreitete Gerüche-Küche schlägt inzwischen nicht nur Ihnen auf den Magen, sondern hinterlässt beim gesamten Team einen unguten Beigeschmack. Außerdem stößt das ungepflegte Erscheinungsbild des geruchsintensiven Kollegen auf. Kunden reagieren bereits, indem sie ihn und seine Arbeit unangerührt wieder zurückgehen lassen. Hier brauchen Sie dringend ein gutes Rezept, wie Sie diese Problematik sensibel in die Spülmaschine räumen.

> Ob Sie jemanden riechen können, sollte unabhängig vom Geruch sein.

UNSER REZEPTVORSCHLAG:

REINER WEIN UND DUFTE KOMMUNIKATION

VORBEREITUNG

Zunächst einmal muss der Verursacher, der für die dicke Luft oder die Fettaugen auf der Schürze verantwortlich ist, zweifelsfrei identifiziert werden.

Grundsätzlich sollten Sie dem Kollegen keinen absichtlichen Angriff auf Ihren guten Geschmack unterstellen. Gehen Sie fest davon aus: Der Kollege ahnt nicht, dass er nicht mit allen Sinnen ein Genuss ist.

Ganz wichtig ist außerdem, dass Sie sich im Vorfeld sehr genau überlegen, wer das heiße Eisen anfassen soll. Auch Sie würden das freundschaftliche Wort eines vertrauten Kollegen leichter verdauen als die gesalzene Ansage eines Vorgesetzten.

ZUBEREITUNG

1. Vage Gesten wie zum Beispiel das Einschalten der Dunstabzugshaube, eine gerümpfte Nase oder rollende Augen sind oft missverständlich. Sie bleiben meistens unangetastet auf dem Büfett der Hilfestellungen liegen.

2. Es nützt nicht, um den heißen Brei herumzureden. Sie müssen in den sauren Apfel beißen und die Dinge beim Namen nennen. Sensibel, aber direkt heißt hier das Geheimrezept.

3. Solche Themen gehören auf keinen Fall an den Kantinentresen, sondern sollten an einem ungestörten Plätzchen stattfinden.

4. Auch wenn Ihnen bei dem Bouquet, das der Kollege verströmt, oder seiner nicht gerade weißen Küchenweste scharfe Worte auf der Zunge liegen: Achten Sie darauf, dass Sie sachlich bleiben. Ihr Gegenüber muss – im Zweifelsfalle völlig unerwartet – einen dicken Brocken schlucken.

Helfen Sie ihm mit Ihrem Einfühlungsvermögen und Ihrem Verständnis dabei, dass er Ihre Kritik nicht in den falschen Hals bekommt.

5. Machen Sie ihm klar, dass Sie ihm keinen überbraten wollen, sondern das Gespräch suchen, um respektvoll und diskret über ein heikles Thema zu sprechen.

6. Rühren Sie nicht unnötig lange in diesem Thema rum. In der Kürze liegt auch hier die Würze.

7. Geben Sie dann Ihrem Kollegen unbedingt das Gefühl, dass das Thema nach Ihrem Gespräch gegessen ist.

GEHEIMTIPP

Besonders gut gelingt es Ihnen, wenn Sie die Sandwich-Technik anwenden: Eingebettet in ein positives Häppchen am Anfang und ein wohlschmeckendes Lob am Ende des Gespräches lässt sich auch eine bittere Pille schlucken.

VERARBEITUNGSHINWEIS

Wenn Sie aus Scham, Peinlichkeit oder Angst vor Konflikten schweigen, kocht die Situation zu lange hoch. Negative Gefühle stauen sich auf wie in einer Presswurst, bis sie platzt – und dann haben Sie den Salat.

FERTIGREZEPT

Das ungute Gefühl bei solchen Gesprächen lässt sich leider nicht wegrühren – es wird aber deutlich milder, wenn man gleich als Vorspeise folgende Sätze serviert:

- »Auch wenn es mir nicht leichtfällt, das anzusprechen, möchte ich Ihnen sagen, dass …«

- »Ohne Ihnen nahetreten zu wollen, möchte ich Sie darauf aufmerksam machen, dass …«

- »Mir liegt ein Thema auf der Seele, das ich gerne mit Ihnen klären möchte.«

ZUTATEN

- ein Cocktail aus Verständnis und Respekt

- zwei Gläser Einfühlungsvermögen und Diskretion

- ein Bund frischer Mut, um die Dinge auf den Tisch zu bringen

- eine Prise Kommunikationsgeschick ohne Verletzungsgefahr

- ein großes Stück unmissverständliche Direktheit

- den richtigen Riecher für den angebrachten Moment und Ort

Wie Sie überzeugend ein »Nein« servieren

»Keiner macht den Tafelspitz so gut wie Sie – können Sie den bitte auch bei unserem Jubiläum für 250 Gäste machen?« Ganz schnell rutscht uns bei so viel Honig ein »Selbstverständlich, kein Problem« aus dem Mund. Spätestens jetzt merken Sie, wie gerne Sie in einer solchen Situation Ihren Nein-Streuer aus dem Gewürzständer holen und Ihrem Gegenüber eine ordentliche Portion davon unterheben würden.

Leider ist »Nein« eine Gewürzmischung, die es nicht fertig zu kaufen gibt. Sie muss mühsam selbst hergestellt werden und besteht aus vielen kostbaren Zutaten: Mut, Selbstbewusstsein, Selbstachtung und Selbstwertgefühl. Wohl dosiert, sensibel, aber bestimmt eingesetzt, macht sie Ihr Leben leichter und wohlschmeckender. Wenn sie fehlt, bringt Sie das in Teufels Küche.

Die Gewürzmischung Nein ist unverzichtbar, wenn man sich ein selbstbestimmtes Lebenssüppchen kochen und es nicht von Fremden auslöffeln lassen möchte.

UNSER REZEPTVORSCHLAG:

NEIN-GEWÜRZMISCHUNG OHNE SPUREN VON SCHLECHTEM GEWISSEN

VORBEREITUNG

Verabschieden Sie sich von dem Gedanken, dass »Nein« ein giftiges Kraut ist, das augenblicklich jede gute Verbindung zerstört oder einen unangenehmen Nachgeschmack hinterlässt.

Oft ist sogar das Gegenteil der Fall: Eine klare Abgrenzung macht es Ihrem Gegenüber leichter zu wissen und auch zu respektieren, an welchem Herd Sie stehen.

Werden Sie sich Ihrer selbst bewusst, bauen Sie ein gesundes Selbstwertgefühl in Ihrem Lebenskräutergarten an und pflegen Sie es ohne schlechtes Gewissen.

ZUBEREITUNG

1. Wenn Sie jemand um einen zusätzlichen Küchendienst bittet – egal ob Küchenjunge oder Chefkoch –, dann machen Sie sich zunächst einmal klar, dass Sie die Wahl haben. Niemand hat Ihnen bereits was auf den Teller gelegt, das Sie nun schlucken müssen – Sie wählen am Ja/Nein-Büfett, was Ihrem Geschmack entspricht.

2. Worauf haben Sie Appetit? Setzen Sie Ihre Prioritäten und lassen Sie nicht zu, dass Gewürze von anderen dominant vorschmecken.

3. »Der braucht mich. Da kann ich doch nicht ›Nein‹ sagen!« Doch, Sie können! Sie sind mit einer Handvoll Nein keine Prise egoistischer als Ihr Gegenüber, der Ihre Hilfe erbittet, um mitunter nur seine eigenen Kastanien aus dem Feuer zu holen.

4. Legen Sie Ihre Bedürfnisse auf dieselbe Waage wie die Bedürfnisse anderer. Sie sollten mindestens genauso schwer wiegen.

5. Haben Sie Angst davor, dass Ihrem Gegenüber ein Nein nicht schmeckt oder er es sogar hinter Ihrem Rücken ausspuckt? Machen Sie sich davon nicht abhängig. Wenn derjenige Sie ausschließlich dann zum Fressen gernhat, wenn Sie ihm helfen, dann ist diese Beziehung keinen Pfifferling wert.

6. Eine ehrliche, kurze und klare Begründung rundet Ihr Nein harmonisch ab und entschärft, ohne es infrage zu stellen.

7. Zahlreiche Entschuldigungen gehören nicht in die Gewürzmischung. Sie schwächen die Nein-Note und je stärker sie betont werden, desto mehr laden Sie Ihr Gegenüber ein, weitere Ansprüche zu stellen.

8. Ziehen Sie an Ihrem Tellerrand die Grenze und bleiben Sie sich selbst treu, denn ein ehrliches Nein bekommt nicht nur Ihnen, sondern auch Ihrem Gegenüber viel besser als ein unehrliches Ja.

Geheimtipp

Besonders gut gelingt es Ihnen, wenn Sie sich nicht überrumpeln lassen. Halten Sie Schmorzeiten zur Entscheidungsfindung strikt ein oder marinieren Sie die Ihnen servierten Bitten 24 Stunden lang in Prioritätsfragen.

Verarbeitungshinweis

Niemand hat das Recht, in Ihrem Kräutergarten herumzutrampeln – also bauen Sie einen Zaun um Ihren Bereich, damit Sie selbst, aber auch alle anderen sehen, wo Ihr Revier ist.

Fertigrezept

So müssen Sie Ihrem Gegenüber nicht sofort eine Antwort aufs Brot schmieren:

• »Ich möchte über meine Entscheidung gerne nachdenken. Ich melde mich morgen bei Ihnen.«

Zutaten

• ein Nein-Gewürzstreuer mit nicht zu kleinen Löchern

• zwei Stangen frischer Mut

• je eine Handvoll Selbstbewusstsein, Selbstachtung und Selbstwertgefühl

• eine geeichte Bedürfnis-Waage

• genau eine ehrliche Begründung

• ein reines Gewissen ohne Entschuldigungen

• ein Zaun um Ihr Revier

Wie Sie mit notorischen Nachsalzern umgehen

Sie treiben Ihnen die Tränen in die Augen: die ständigen Nörgler, Querulanten und Besserwisser. Kaum sitzen sie an Ihrer Tafel, schon strecken sie gierig den Arm nach der Salzmühle aus. Sie machen sich nicht die Mühe, zu kosten, was man ihnen serviert. Sie wischen augenblicklich sämtliche Argumentationen vom Tisch und würzen mit großen Rotzlöffeln nach. Dabei lassen sie Sie in dem Glauben, Sie wie ein rohes Ei behandeln und nur ein Ideechen nachbessern zu wollen. Stattdessen machen sie rücksichtslos das Salzfass auf.

Wenn Sie Nachsalzer am Tisch haben, sollten Sie den Salzstreuer in der eigenen Hand behalten, um auf Wunsch nachdosieren zu können.

Unser Rezeptvorschlag:

Strategie-Kräutersalz in der Diplomatie-Mühle

Vorbereitung

Finden Sie sich damit ab, dass Nörgler jede noch so schmackhafte und mit Akribie zubereitete Suppe versalzen können.

Auch wenn sich bereits die ersten Salzkrusten gebildet haben, sollten Sie sich unter keinen Umständen auf ein Kompetenzgerangel ums Oberwasser einlassen. Dies endet in der Regel in einer ergebnislosen Salamischlacht, in der sich alle Beteiligten scheibchenweise ans Messer liefern.

Zeigen Sie lieber mit sachlicher Strategie und Diplomatie Ihrem rechthaberischen Gegenüber die Zähne und lassen Sie sich nicht zum Suppenkasper machen.

Zubereitung

1. Nörgler lieben Flachmänner, die bei der ersten Frage ins Stocken geraten. Das entspricht genau ihrem Beuteschema und die wilde Jagd auf das Kaninchen beginnt. Eine gute Vorbereitung, sichere Daten und Fakten sowie ein paar Raffinessen, die Sie noch aus der Küchenschürze zaubern können, lassen sie ins Leere laufen.

2. Nachsalzer legen keinen Wert auf Ihren Geschmack. Sie drehen sich ausschließlich um sich selbst wie ein Nudelholz, das alles platt macht. Dennoch sollten Sie sie rücksichtsvoll behandeln, denn ihr Geltungsbedürfnis ist nur der Ausdruck einer sehr zerbrechlichen Schale.

3. Machen Sie sich klar, dass diese augenscheinlichen Besserwisser in ihren Vorstellungen gefangen sind wie Zitronen im Netz. Dort versauern sie und mit ihnen ihr gesamtes Umfeld.

4. Also werden Sie nicht gleich bei jeder Prise Salz zum gepökelten Stockfisch und legen Sie sich deren Problem nicht auf Ihren Teller. Das raubt Ihnen nur Energie und Motivation.

5. Stattdessen drehen Sie den Spieß ganz einfach mal um: Loben Sie den Querulanten für seinen berechtigten Einwand und bitten Sie ihn um Gegenvorschläge oder um seine kompetente Hilfe. Entweder bringen Sie ihn so nachhaltig zum Schweigen oder er genießt die Anerkennung und wird schlagartig ungiftig.

6. Suchen Sie den Dialog. Kommunizieren Sie dem Nachsalzer souverän und mit einer Messerspitze Humor, dass Sie konfliktneutral über den Dingen stehen und ihm nichts wegessen wollen.

7. Wenn es Ihnen gelingt, Ihre eigene Wut über den Miesmacher unter dem Deckel zu halten und den notorischen Nörgler mit an Ihren Topf zu holen, wird er sich für Sie und Ihre Projekte so richtig an den Herd schmeißen.

GEHEIMTIPP

Besonders gut gelingt es Ihnen, wenn Sie Skeptikern von sich aus das Salz reichen können.

Machen Sie mehrere Vorschläge und zeigen Sie, dass viele Wege durch Ihre Küche führen.

VERARBEITUNGSHINWEIS

Manche Besserwisser – und das gilt gerade auch für alte Hasen – haben wirklich ein großes Wissen und viel Erfahrung. Sie sind gut beraten, ihren Ehrgeiz und ihre Raffinesse für sich zu nutzen.

FERTIGREZEPT

Wenn ein zweiter Koch Ihren Brei verdirbt, dann finden Sie heraus,

- was für Ziele er damit verfolgt.
- ob er Sie gezielt meint oder ob Sie nur zufällig in der Schusslinie stehen.
- welches Problem er gerade hat und wie Sie es nicht zu Ihrem werden lassen.

Kommunizieren Sie deutlich, dass

- Sie ihm nichts vom Teller holen.
- Sie seine Kompetenz schätzen.
- Sie Interesse an seinen Geheimrezepten haben.

ZUTATEN

- ein paar zusätzliche Raffinessen aus der Küchenschürze
- ein ernstgemeintes Lob und eine deutliche Spur Anerkennung
- je einen Teelöffel Souveränität, Konfliktneutralität und Verständnis
- eine Messerspitze Humor
- ein Spieß, den man umdrehen kann

Nicht in dieses Rezept gehören

- ein ergebnisloser Machtkampf
- ziellose Wut

WIE SIE EINE KÜCHENSCHLACHT FÜHREN – OHNE DABEI DIE MESSER ZU WETZEN

Bringt bereits der Gedanke daran, mit einem Kollegen – oder gar einem Vorgesetzten – eine Auseinandersetzung zu führen, Ihr Blut zum Kochen? Im Geiste wünschen Sie Ihr Gegenüber dahin, wo der Pfeffer wächst. Schnell wird Ihnen jedoch klar: Wenn Sie nur Dampf ablassen und Salz in Wunden streuen, laufen Sie Gefahr, sich damit Ihre eigene Henkersmahlzeit zu servieren.

Wenn Sie ein Konfliktgespräch führen, sollten Sie daran interessiert sein, dass das gemeinsame Ziel und die zusammen erarbeitete Lösung die Filetstücke der Unterredung werden.

Unser Rezeptvorschlag:

Lösungsfilet an emotionaler Neutralität

Vorbereitung

Um das zu erreichen, kühlen Sie zunächst einmal die erhitzten Gemüter auf Zimmertemperatur herunter. Wenn nötig und möglich, stellen Sie sie einfach ein paar Stunden (oder auch Tage) lang kalt.

Mit kühlem Kopf gehen Sie an die Vorbereitung der richtigen Strategie, die Sie mit sachlichen Argumenten und verschiedenen Lösungsvorschlägen spicken.

Nachdem Sie den Kollegen freundlich zum Konfliktgespräch eingeladen haben, suchen Sie sich, besonders bei schwer verdaulichen Themen, einen runden Tisch mit einem ruhigen Ambiente.

Zubereitung

1. Als Einstieg in das Gespräch putzen und verlesen Sie sorgfältig die neutralen Fakten, sodass Sie keine überschäumenden Emotionen oder persönlichen Animositäten mit hineinrühren.

2. Das endlose Filetieren der Frage, wer die Suppe versalzen hat, führt Sie dabei zu keinem brauchbaren Ergebnis und ist damit absolut überflüssig.

3. Ihr Gespräch sollte in Form von Ich-Botschaften ein Zeichen Ihres guten Geschmacks sein – Sie-Vorwürfe lassen es nämlich ungenießbar werden.

4. Nachdem jeder seine Argumente auf den Tisch gepackt hat, gilt es, über den Tellerrand zu schauen. Denn nur so kann ein Kompromiss kreiert werden, der beiden Seiten schmeckt.

5. Die Vereinbarung klarer Absprachen und Strategien sorgt dafür, dass sich niemand mehr die Finger an diesem Thema verbrennt.

6. Zum Schluss garnieren Sie das Gespräch mit einem versöhnlichen Ausklang und einem ehrlichen Lächeln. So ist der Konflikt endgültig ausgeräumt und die Zusammenarbeit mit Ihrem Kollegen vielleicht ein größerer Genuss denn je.

Geheimtipp

Besonders gut gelingt es Ihnen, wenn Sie den Konflikt von vornherein mit einer angemessenen Portion Verständnis entschärfen.

VERARBEITUNGSHINWEIS

Wenn Sie nur um des lieben Friedens willen Streitigkeiten regelmäßig unter den Tisch kehren, riskieren Sie, dass unausgesprochene Meinungsverschiedenheiten so lange vor sich hin brodeln, bis sie garantiert zur falschen Zeit und am falschen Ort explodieren.

FERTIGREZEPT

Wenn die Situation trotz aller Vorsicht überzukochen droht, lassen Sie sich nicht in die Küchenecke drängen. Hier ein Instantsatz, der Ihnen problemlos die nötige Zeit verschafft:

»Ich werde jetzt dazu nichts sagen, aber ich komme darauf zurück.«

ZUTATEN

- ein kühler Kopf (besser zwei!)
- eine gemeinsame, ziel-orientierte Strategie
- eine Handvoll Lösungs-ansätze, die allen Seiten bekommen
- ein positives und ruhiges Umfeld
- möglichst viel emotionale Neutralität
- eine doppelte Portion Verständnis für Anders-denkende
- klare Absprachen

WIE SIE DEN PASSENDEN ARBEITGEBER HERAUSSCHMECKEN

Der Arbeitsmarkt ist wie eine Pralinenschachtel. Sie haben die Qual der Wahl, Sie wissen vorher aber nie, welche Füllung in welchem Unternehmen steckt und ob sie Ihnen dauerhaft Genuss bringt.

Beißen Sie aber gerade beim Berufsstart zu viele an und lassen Sie sie dann schon nach kurzer Zeit wieder liegen, ist das ein denkbar schlechter Start ins Arbeitsleben.

Jeder von uns sucht den Traumjob: die Praline mit Champagner-Trüffel-Füllung. Doch welches Unternehmen ist für uns der beste Chocolatier?

Wenn das Rezept zwischen Ihnen und Ihrem Arbeitgeber nicht stimmt, tröstet Sie auch das beste Gehalt nicht darüber hinweg, dass jeder Tag nach Bittermandeln schmeckt und Sie auf Dauer vergiftet.

UNSER REZEPTVORSCHLAG:

ARBEITGEBER-MARZIPANKARTÖFFELCHEN IN VOLLMILCH-SCHOKOLADE

VORBEREITUNG

Gerade beim ersten Job nach der Ausbildung oder auf der Flucht vor einem ungeliebten Chef denken viele: »Hauptsache, ich habe überhaupt ein Stückchen abbekommen.«

Aber der Griff nach der erstbesten Schokokugel hat schon so manchen mit einer ungenießbaren Füllung überrascht, die die heftigsten Allergien auslöst.

Machen Sie sich klar, welche Füllung Sie suchen. Auf dem Boden der Pralinenschachtel sind die verwendeten Zutaten in aller Regel genannt. Sie müssen sich nur die Arbeit machen, herauszufinden, worauf Sie Appetit haben, und das Angebot genau studieren.

ZUBEREITUNG

1. Stellen Sie sich zunächst die Frage, wonach Sie sich verzehren: Kulinarik-Palast oder Kantine?

2. Backen Sie sich in Gedanken Ihren Traumjob und definieren Sie Wunscharbeitszeiten, Umgangsformen, Aufstiegschancen und Idealstandorte.

3. Welches Klima brauchen Sie, um optimal aufzugehen? Springen Sie lieber in kaltes Wasser oder in warme Milch? Wünschen Sie sich knackige Strukturen oder eine butterweiche Atmosphäre, Großkonzern oder Familienunternehmen?

4. Dann lassen Sie sich genüsslich am Job-Portale-Büfett das Wasser im Munde zusammenlaufen. Schauen Sie sich um: Welcher Job passt zu Ihren Fähigkeiten und entspricht Ihrem Wunschmenü?

5. Holen Sie sich Appetit, aber beißen Sie sich nicht zu schnell fest. Gegessen wird nämlich erst, wenn Sie die Bodenlasche der Pralinenkästen gelesen haben. Analysieren Sie dazu die Unternehmensseiten und Arbeitgeber-Bewertungsportale im Internet.

6. Lassen Sie sich die Firmenphilosophien kredenzen wie eine Weinprobe. Sie erkennen schnell, welche trocken, süffig oder korkig sind.

7. Fahren Sie einfach mal zu Pausen- oder Feierabendzeiten zum Firmengebäude Ihres potenziellen Arbeitgebers. Die Gesichter der Mitarbeiter tischen Ihnen einen realen Eindruck des Firmenklimas auf.

Champagner Trüffel

8. Hören Sie sich in Ihrem Bekanntenkreis um. Wer schwärmt von seinem Unternehmen und kann es aus Überzeugung als guten Arbeitgeber weiterempfehlen?

9. Übrigens: Die Verwendung von Vitamin B bei der Arbeitgebersuche ist nicht nur erlaubt, sondern auch erwünscht. Schließlich finden so Arbeitgeber und Arbeitnehmer den gesuchten Leckerbissen.

GEHEIMTIPP

Besonders gut gelingt es Ihnen, wenn Sie Ihre Recherche gründlich betreiben, kritisch fragen, ob wirklich die Füllung drin ist, die draufsteht, und dann Ihren Bauch entscheiden lassen.

VERARBEITUNGSHINWEIS

Schauen Sie über den Berufe-Tellerrand hinaus – vielleicht finden Sie ja auch branchenübergreifend einen Pott für Ihren Deckel.

FERTIGREZEPT

Es gibt keins, jeder muss sich seine Pralinenfüllung selbst suchen.

ZUTATEN

- ein klares Wunschrezept Ihres Traumjobs

- ein appetitanregender Spaziergang über den Markt

- die ein oder andere Firmenprobe

- ein entscheidendes Bauchgefühl

- einige inspirierende Blicke über den Tellerrand

WIE SIE SICH BEI EINEM ASSESSMENT-CENTER NICHT DIE ZÄHNE AUSBEISSEN

Stellen Sie sich vor, ein Restaurantkritiker sitzt an Ihrem Tisch und Sie und Ihre Fähigkeiten sind das Menü, das Sie ihm servieren. Jetzt kommt es darauf an, ihn von der Begrüßung bis zum Digestif restlos zu begeistern, damit er sich für die Spezialitäten und den Service Ihres Hauses entscheidet. Reichen Sie ihm klümpchenfrei und ganz geschmeidig das Beste, was Ihre Persönlichkeit und Ihre Kompetenzen zu bieten haben.

Ein Assessment-Center muss das beste Menü werden, das Sie je gekocht haben.

Unser Rezeptvorschlag:
Das perfekte Assessment-Center-Dinner

Vorbereitung

Ein AC braucht – wie ein besterntes Mehr-Gänge-Menü – eine perfekte Planung. Organisieren Sie Ihre pünktliche Anreise, sammeln Sie Informationen zum Unternehmen, setzen Sie sich mit dem Jobprofil auseinander und üben Sie die verschiedenen AC-Aufgaben zu Hause am Küchentisch.

Testesser sind keine Kannibalen. Aber machen Sie sich schlau, wen Sie mit Ihren Fähigkeiten bekochen werden. Was könnten sie sich wünschen, was erwarten sie und was könnte sie sonst noch interessieren oder positiv überraschen?

Packen Sie in jedem Falle alle Ihre Sterne in den Picknickkorb: Ihr kulinarisches Fachvokabular und Ihre Branchenkenntnisse ebenso wie jeden Kochkurs, jedes Weinseminar, jeden Auslandsaufenthalt und jedes Gericht, das nach Ihnen benannt ist.

Zubereitung

1. Vertrauen Sie sich und Ihrem Können. Zeigen Sie, was Ihr Marktstand alles bietet, und vergessen Sie dabei nicht, dass ein AC auch eine Kostprobe für Sie ist. Mundet Ihrem Gaumen das Unternehmen?

2. Kleckern Sie nicht mit der Präsentation Ihrer Stärken, sondern schöpfen Sie aus dem Vollen. Denken Sie aber daran, dass Platzteller und Stoffservietten die Erwartungen hochschrauben. Nehmen Sie den Mund also nicht zu voll. Ein gesundes Understatement und eine selbstkritische Haltung schmecken Testessern in der Regel besser.

3. Zeigen Sie, welche Talente Sie haben. Sind Sie eher geeignet für die gehobene Gastronomie, die Kantine, als Kochlehrer oder Food-Journalist? Spezialist oder Allrounder? Überlegen Sie sich im Vorfeld, was Sie von sich zeigen wollen, und unterfüttern Sie es mit konkreten Beispielen.

4. Informieren Sie sich über die neuesten Food-Trends und seien Sie mit Ihrem Wissen auf dem aktuellen Stand.

5. Unterschätzen Sie keinen Testesser und servieren Sie ihm niemals halbgare Fakten – ein Experte riecht den Braten sofort.

6. Haben Sie Wissenslöcher wie ein Schweizer Käse oder unterlaufen Ihnen grobe Schnitzer, können Sie diese mit aufrichtiger Kritikfähigkeit neutralisieren.

7. Nehmen Sie Mitstreitern niemals die Butter vom Brot. Begegnen Sie ihnen mit wertschätzender Offenheit, aber lassen Sie sich nicht zu sehr beeindrucken und in die letzte Küchenzeile drängen.

8. Halten Sie neben knackigen Fakten eine Auswahl an fluffigen Soft-Skills, wie zum Beispiel Einfühlungsvermögen, Konfliktfähigkeit, Kompromissbereitschaft und Überzeugungskraft, bereit.

Verarbeitungshinweis

Jedes AC – auch die, die nicht direkt mit einer Einstellung enden – ist ein Sahnestückchen der Erfahrung für Sie. Sie lernen viel über sich selbst und erhalten ein professionelles Testesser-Feedback als hervorragende Grundlage für den nächsten AC-Gang.

Fertigrezept

Bleiben Sie sich unbedingt selbst treu und halten Sie Antworten auf diese häufig gestellten Fragen als Zutaten bereit:

- Was machen Sie zurzeit und warum wollen Sie sich verändern?

- Was sind Ihre Stärken und Schwächen?

- Was waren Ihre größten Erfolge?

- Wie sehen Ihre Visionen für die Zukunft aus?

- Welchen Mehrwert bringen Sie dem Unternehmen?

Zutaten

- ein gefüllter Picknickkorb mit all Ihren Sternen

- Trockenübungen am Küchentisch

- tafelweise Schokoladenseiten

- eine konkrete Vorstellung vom Testesser

- aufrichtige Kritikfähigkeit

- so viele knackige Hard-Skills und fluffige Soft-Skills, wie Sie haben

9. Hören Sie gut zu, fragen Sie im Zweifelsfall nach und lassen Sie sich nie zu emotionalen Reaktionen hinreißen.

10. Hier die optimale AC-Menüfolge: Beginnen Sie mit einem Aperitif aus makelloser Küchenschürze, selbstbewusster Haltung und direktem Blickkontakt. Tragen Sie dann einen außergewöhnlichen Hauptgang mit Fachwissen, Lösungskompetenz und Teamgeist auf. Als Zwischengang kredenzen Sie Ihre besonderen Fähigkeiten aus der Improvisationsküche – gerne mit einer Prise Humor. Schließlich krönen Sie Ihr Menü mit einem Dessert aus einem harmonischen Zusammenspiel sozialer Kompetenzen und einem perfekten Zeitmanagement.

Geheimtipp

Besonders gut gelingt es Ihnen, wenn Sie sich Ihrer Schokoladenseiten bewusst sind und Sie gleich tafelweise abliefern.

EINGEMACHTES

Jetzt geht es an Ihr Eingemachtes. Ziehen Sie am brüchig gewordenen Weckglasring und lassen Sie Luft an das, was noch als stille Reserve in Ihnen schlummert. **DANN GENIESSEN SIE SCHON BALD UNGEAHNTE CHANCEN.**

Essen wollen,
was man nicht hat,
ist menschlich.

WIE SIE IHR FEUER IMMER WIEDER SELBST ENTFACHEN

Am schlimmsten ist es montagmorgens. Sie schleppen sich in die Küche und sehen den Herd vor lauter Töpfen nicht. Der Berg ist so hoch, dass Sie nicht wissen, wo Sie anfangen sollen, weshalb Sie entscheiden, die Küche sofort wieder Richtung Couch zu verlassen.

Ihre Motivation ist irgendwann mit dem Spülwasser des Alltags im Nirwana versickert und hat dabei auch Ihre Ziele weggeschwemmt. Stattdessen fläzt sich nun ein riesiger, gut abgehangener Schweinehund mitten auf der Anrichte Ihres Lebens, den Sie bereitwillig mit Aufschieberitis und negativen Glaubenssätzen füttern.

Niemand kann Sie motivieren, nur Sie selbst – und dann ist alles möglich, auch das Unmögliche.

UNSER REZEPTVORSCHLAG:

MIT MOTIVATIONSGEIST FLAMBIERTER ARBEITSAPPETIT

VORBEREITUNG

Es gibt Phasen, da schmeckt jeder Job wie Magerquark. Verhandlungen ziehen sich wie Kaugummi, Projekte haben das Haltbarkeitsdatum längst überschritten und mit Ihrer Motivation ist es Essig. Wenn dieser Zustand nur kurze Zeit anhält, ist noch nicht Hopfen und Malz verloren.

Riechen Sie den Braten aber in jedem Fall rechtzeitig, solange der Geist noch willig und nur das Fleisch schwach ist. Werden Sie sich so schnell wie möglich bewusst darüber, dass nur Sie für das Motivations-Nachfüllpack verantwortlich sind und ins Handeln kommen müssen.

Motivationskrisen sind wie ein Bratenthermometer, das anzeigt, dass etwas bei zu geringer Leidenschaft einfach nicht mehr gar wird. Was wie ein Wermutstropfen schmeckt, schreit nach Veränderung. Also nutzen Sie Ihr Motivationsloch als zusätzliche Küchenhilfe, die Ihnen ordentlich Pfeffer gibt.

ZUBEREITUNG

1. Sich selbst zu motivieren ist eine Nuss, die geknackt werden will. Zunächst einmal ignorieren Sie dafür Ihren Schweinehund und füttern ihn weder mit Jammer-Schmarrn noch mit Frust-Chips.

2. Danach wärmen Sie positive Erlebnisse und Erfolge auf. Am besten Sie visualisieren, was Sie mit Herzblut erfüllt wie die Marmelade den Krapfen, und hängen es in Form von Bildern und Botschaften gut sichtbar ans Küchenbrett.

3. Wer morgens als Weinbergschnecke angekrochen kommt, wird bis abends ganz sicher nicht das oberste Küchenregal mit den besonderen Leckerbissen erreicht haben. Also sorgen Sie für die richtige Grundeinstellung, und mit etwas Anlauf gelingt Ihnen jeder Aufstieg.

4. Machen Sie Dinge mal ganz anders. Nehmen Sie das »gute« Geschirr und setzen Sie sich auf einen anderen Platz an der Tafel. Das holt Sie aus der Froschschenkel-Perspektive raus und es entsteht neue Motivation, die Sie nur noch aufgabeln müssen.

5. Setzen Sie sich jeden Tag erreichbare Etappenziele – aber nur eine Handvoll. Beginnen Sie mit Dingen, die einen leichten Zubereitungsgrad haben, und schauen Sie diesmal nicht über den Tellerrand, sondern arbeiten Sie Gang für Gang in Ihrem Tempo.

6. Legen Sie sich eine Brotkrümelspur aus kleinen Belohnungen durch Ihren Arbeitstag und feiern Sie jedes Ziel mit einem Pausensnack oder einem Freudenriegel. Dann können Sie gestärkt den nächsten Schwierigkeitsgrad in Angriff nehmen.

7. Suchen Sie sich einen Sternekoch als Vorbild – oder kümmern Sie sich um den ungelernten Küchenjungen, dem Sie viel beibringen können. Beides motiviert auf unterschiedliche Weise und sorgt dafür, dass Sie wieder Dampf in den Kessel bekommen.

8. Im Unterschied zur Motivation gibt es niemals einen Versorgungsengpass an Ausreden. Sie gedeihen überall und sind stets außerordentlich überzeugend. Motivation dagegen ist ein sensibleres Saatgut. Sie wächst nur in Ihrem Kopf und braucht einen gesunden Boden ohne Frustkeime. Sie will täglich gegossen werden und verlangt nach besonderer Pflege – aber dann ist sie unglaublich stark im Wuchs und trägt die feinsten Früchte. Bauen Sie also Hunger auf mehr an und Ihr Speisenangebot wird eine Delikatesse, die Sie nicht für möglich gehalten hätten.

GEHEIMTIPP

Besonders gut gelingt es Ihnen, wenn Sie aus Ihrer inneren Stimme einen Antreiber und keinen Saboteur machen. Also züchten Sie statt eines Schweinehundes lieber fröhlich summende Bienen, dann können Sie sich obendrein auch noch den Honig des Erfolgs schmecken lassen.

VERARBEITUNGSHINWEIS

Stellen Sie sich vor, Sie verlieren morgen Ihren Job. Wenn Sie das völlig kaltlässt, ist nicht nur Ihre Motivation »aus«, sondern auch Ihr Job »durch« und Sie suchen sich besser einen neuen Arbeitsplatz.

Wenn Sie das aber nicht kaltlässt, dann lassen Sie Ihren Schweinhund verhungern und gehen morgens summend zur Arbeit.

FERTIGREZEPT

Hier zwei wertvolle Positivitäts-Drops aus der Tüte:

- Visualisieren Sie Ihre nächsten Erfolge und lassen Sie sich diese schon mal gedanklich auf der Zunge zergehen.

- Servieren Sie sich jeden Tag diese Zauberbonbons: Ich will. Ich kann. Ich werde.

ZUTATEN

- ein ignorierter Schweinehund

- so viele aufgewärmte Erfolge, wie Sie haben

- eine positive Grundeinstellung

- anfangs eine Messerspitze Schwung – später gerne mehr

- eine Handvoll Ziele und ebenso viele Freudensnacks

- eine Gießkanne, damit Ihre Motivation gedeihen kann

- mindestens zwei Positivitäts-Drops

Wie Sie mit dem zufrieden werden, was das Leben Ihnen serviert

Es gibt Menschen, die schielen immer erst auf den Teller des Nachbarn und noch ehe sie auf ihren eigenen Teller geschaut haben, sind sie überzeugt davon, dass sie das kleinere Stück vom Kuchen abbekommen haben. Sie werden zu klagenden Opfern, die schon allein aus dem Grund in jeder Suppe ein Haar finden, weil sie so lange den Kopf über dem Suppenteller schütteln, bis eines hineinfällt. Aber wie kann es gelingen, das Negative loszulassen und die Perspektive zu wechseln?

Zufriedenheit ist das Geheimrezept des Lebens, denn sie ist die Basiszutat für Gesundheit und Erfolg.

UNSER REZEPTVORSCHLAG:

DANKBARKEITS-SOUFFLÉ AUF POSITIVEM PERSÖNLICHKEITS-SPIEGEL

VORBEREITUNG

Um im beruflichen Alltag Zufriedenheit zu finden, sollten Sie sich ruhig mal auf Ihren Lorbeeren ausruhen. Dabei konzentrieren Sie sich ausschließlich auf das, was auf Ihrem Teller liegt – und nicht auf das, was andere vielleicht noch im Kühlschrank haben.

Werden Sie sich bewusst darüber, was Sie unzufrieden macht. Was hängt Ihnen in Ihrem Arbeitsalltag zum Halse heraus und was sind Sie nicht mehr bereit zu schlucken?

Wenn Sie innerlich gekündigt haben und Küchendienst nach Vorschrift machen, avancieren Sie sicher nicht zum Sternekoch. Wann arbeiten Sie mit angezogenem Kochlöffel und was kann Sie dazu motivieren, für die Firma die Kastanien aus dem Feuer zu holen?

ZUBEREITUNG

1. Ideenlose Unzufriedenheit vergiftet Ihr Umfeld und macht Sie ungenießbar. Das wirkungsvollste Rezept dagegen ist eine andere Perspektive.

2. Machen Sie sich Ihre Fähigkeiten bewusst. Welche besonderen Zutaten haben Sie in Ihrem Repertoire und wie wollen Sie diese geschmackvoll zur Geltung bringen?

3. Entwickeln Sie Dankbarkeit – auch für die Krümel auf Ihrem Teller. Denn eine positive Einstellung versetzt Sie in die Lage, aus den vorhandenen Zutaten das Beste herauszuholen.

4. Mit Ideenreichtum und Optimismus ist es möglich, aus Wasser Wein zu machen. Seien Sie also nicht länger die Möhre in Aspik. Werden Sie aktiv.

5. Probieren Sie mutige Kompositionen aus und überraschen Sie sich und Ihre Kollegen mit völlig neu kreierten Probierhäppchen aus Ihrer Versuchsküche.

6. Lernen Sie, sich selbst zu loben, und seien Sie stolz auf Ihre Erfolge. Warten Sie dabei nicht, bis alles perfekt ist, denn auch die täglichen Selbstverständlichkeiten sind Ihres Lobes wert. Machen Sie also mit Fingerspitzengefühl aus einem stinkenden ein stimmendes Eigenlob, das Ihr Selbstbewusstsein stärkt wie eine Kraftbrühe.

7. Lernen Sie auch »Nein« zu sagen, wenn Ihnen das Falsche vorgesetzt wird. Sonst packt man Ihnen alles auf den Teller, und das Gefühl, es nicht schaffen zu können, macht Sie unzufrieden.

8. Auch kleine Brötchen backen ist eine Lösung – gut belegt und garniert werden daraus schließlich Gourmethäppchen, die auf keiner Feier fehlen dürfen. Suchen Sie

aktiv nach Chancen und werden Sie krea-
tiv. Gerne auch außerhalb der Küche.

Geheimtipp

Besonders gut gelingt es Ihnen, wenn Sie aktiv Ihrer inneren Stimme, Ihrer Berufung und
Ihrer Freude an der Arbeit folgen. Abwarten
und Teetrinken ist keine Option!

Verarbeitungshinweis

Sie können Zufriedenheit gut mit dem ge-
schärften Blick für das Positive gewinnen.
Dann ist sie fast unbegrenzt haltbar. Sie sollten nur nicht vergessen, ab und zu ganz bewusst davon zu kosten.

So bleibt Ihnen der unverwechselbar süße Geschmack der Zufriedenheit, aber auch das Be-
wusstsein, dass Sie dafür selbst verantwortlich
sind, in bester Erinnerung.

Fertigrezept

Hier einige Instantfragen für Ihre Suche nach
Zufriedenheit:

- Was kann ich?

- Bin ich da, wo ich jetzt bin, richtig?

- Was schmeckt mir an meiner jetzigen
  Situation nicht?

- Wo will ich hin?

- Wie komme ich dahin?

- Habe ich bereits alle Möglichkeiten
  ausgeschöpft?

Zutaten

- eine positive Sichtweise für
  Ihren Perspektivenwechsel

- eine Handvoll verlesener
  Stärken

- je ein Bund Motivation und
  Mut, um aktiv zu werden

- eine große Portion Begeisterung, die ansteckt

- vier Esslöffel Dankbarkeit für
  das, was Sie bereits auf
  Ihrem Teller haben

- ein klares Ziel

- eine Messerspitze Intuition für
  den richtigen Moment

- ein halbes Dutzend guter Fragen

Wie Sie eine Life-Balance zubereiten und damit müde Lebensgeister wecken

Egal, ob Sie leben, um zu arbeiten, oder arbeiten, um zu leben – beide Lebensbereiche trennen sich oft wie eine abgestandene Vinaigrette. Den Bodensatz bildet die Arbeit. Sie ist oft die Saure-Gurken-Zeit, in der wir unseren Lebensunterhalt verdienen und in der so manches Essig ist. Getrennt davon schwimmt obenauf eine viel zu dünne Schicht der Dinge, die uns runtergehen wie Öl.

Das Erfolgsrezept für ein glückliches Berufsleben besteht darin, diese beiden Bestandteile untrennbar zu einem zufriedenen Leben im Gleichgewicht zu vermischen.

Eine homogene Vinaigrette aus Arbeit und Freizeit ist das beste Dressing, das Sie zunächst über Ihren Kopf-Salat und danach über Ihr gesamtes Leben gießen sollten.

UNSER REZEPTVORSCHLAG:

HOMOGENE LIFE-VINAIGRETTE ALS BALSAMICO FÜR IHRE SEELE

VORBEREITUNG

Machen Sie sich klar, welche Zutaten Sie für Ihre Life-Balance benötigen, um Ihr Leben zu homogenisieren. Sind es wenige handverlesene Zutaten aus Ihrem eigenen Garten?

Oder ist es die ganze Bandbreite internationaler Gewürze und die Herausforderung, auf zwei Büfetts gleichzeitig die Schnittchen zu schmieren?

Gießen Sie Ihr Leben durch ein Passiersieb. Nur was hartnäckig darin hängenbleibt, soll wirklich passieren. Den Rest können Sie getrost unter den Tisch fallen lassen.

ZUBEREITUNG

1. Stellen Sie Ihre Zutaten griffbereit auf die Arbeitsplatte Ihrer Lebensküche.

   Ihr Mise en Place sollte genau die richtige Portion an Herausforderungen und Zielen, ein übersichtliches und gut zu tragendes Tablett an Verantwortung sowie ausreichend viel Erholung, Freizeit und Spaß beinhalten.

3. Bevor Sie die Zutaten weiterverarbeiten, wiegen Sie sie achtsam zu gleichen Teilen ab.

   Die Unter- oder Überdosis eines Bereichs ist Gift und serviert Ihnen über kurz oder lang quälende Unverträglichkeiten wie Burnout, Depression oder vollkommene Langeweile.

4. Neben dem ausgewogenen Verhältnis ist die Reihenfolge entscheidend. Zunächst kommen die Guten ins Töpfchen. Sonst laufen Sie Gefahr, zu viele Ballaststoffe hineinzufüllen und dann bleibt kein Platz mehr für die lebenswichtigen Vitamine: G, L, Ü, C und K.

6. Dosieren Sie nun tröpfchenweise und unter ständigem Rühren die übrigen Zutaten, damit sich alles harmonisch verbinden kann.

7. Verquirlen Sie nun alles zu einer homogenen Emulsion. Wer möchte, darf sie sogar ein wenig überschäumend aufschlagen.

8. Verteilen Sie diese Vinaigrette gleichmäßig über Ihren Alltag und genießen Sie das sich entfaltende Aroma der Ausgeglichenheit. Es gibt Ihrer Seele Nahrung, Ihre Unzufriedenheit ist gegessen und alles ist in Butter, solange Sie die Zutaten in Bewegung und damit die Emulsion stabil halten.

GEHEIMTIPP

Besonders gut gelingt es Ihnen, wenn Sie immer einen Teelöffel von Ihrem ehrlichen Bauchgefühl, das ein Ungleichgewicht ganz schnell spürt, dazugeben.

VERARBEITUNGSHINWEIS

Wenn sich das homogene Gemisch doch mal trennt, dann einfach vor Gebrauch gut schütteln. So ein Sturm im Wasserglas lässt abgesunkene Zutaten wieder frei schwimmen und wirkt Wunder.

FERTIGREZEPT

Füllen Sie so viele Walnüsse in ein Glas wie reinpassen. Die Walnüsse stehen für die wichtigsten Dinge in Ihrem Leben wie Familie, Zufriedenheit und Gesundheit. Dann füllen Sie in dasselbe Glas so viele Erbsen wie möglich. Sie finden ihren Platz zwischen den Walnüssen und stehen zum Beispiel für Arbeit, Erfolg oder Weiterentwicklung. Zum Schluss füllen Sie mit Reiskörnern die letzten Zwischenräume aus. Sie stehen für die Dinge, die zum alltäglichen »Pflichtprogramm« gehören. Diesem dekorativen Glas räumen Sie in Ihrer Küche einen Ehrenplatz ein, sodass es Sie täglich an die Gewichtung und an die Reihenfolge Ihrer Life-Vinaigrette erinnert. So verhindern Sie, dass Sie Ihr Glas mit Reiskörnern vollschütten und für Ihre Walnüsse kein Platz mehr bleibt.

ZUTATEN

- handverlesene Komponenten
- eine Achtsamkeits-Waage für die richtige Gewichtung
- eine optimale Reihenfolge
- die lebenswichtigen Vitamine: G, L, Ü, C und K
- ein Rührgerät, um immer in Bewegung zu bleiben
- ein Teelöffel Bauchgefühl
- ein dekoratives Glas mit Nüssen, Erbsen und Reiskörnern

Wie Sie die Wahl zwischen Schlafrock und Speckmantel treffen

Die Wichtigkeit, welches Besteck man in einem edlen Restaurant bei welchem Gang korrekterweise einsetzt, entspricht in etwa der Brisanz der richtigen Kleidung am Arbeitsplatz. Wählen Sie die Kuchengabel für den Fisch oder entscheiden sich für das lässige Poloshirt bei einem offiziellen Termin, sagt das nicht nur viel über Ihren Geschmack aus, sondern kommuniziert auch – egal, ob Ihnen das schmeckt oder nicht – etwas über Ihre Professionalität. Sie können Ihre Kleidung nicht daran hindern, dass sie Ihre Kultur und Ihren Stil verrät, aber Sie können dafür sorgen, dass sie die richtige Botschaft serviert.

Wer den Dresscode beherrscht und ihn sicher jedem Gang zuordnet, kann sich beim Essen aufs Geschäft konzentrieren und sich zielstrebig am großen Büfett bedienen.

Unser Rezeptvorschlag:

Vesperbrêtt-à-porter für den Gang ans grosse Büfett

Vorbereitung

Bei einem Vorstellungstermin, einer Präsentation beim Chefkoch oder einer Kochsession gibt es keine zweite Chance für den ersten Bissen. Überlassen Sie kein Accessoire, keine Zutat dem Zufall.

Business casual, semi formal, as you are oder kleines Schwarzes? Das sollten Sie auf den Geschmack des Unternehmens und auf den Anlass abstimmen. Recherchieren Sie anhand von Fotos im Internet und orientieren Sie sich an der Kultur des Unternehmens.

Grundsätzlich gilt: besser schlichte Hausmannskost in Form von Stoffhose, Hemd und Bluse als pikante Extravaganz paniert in schrillbunten und ausladenden Eigenkreationen.

Zubereitung

1. Ungeputzt verlässt kein Gemüse die Küche. Das gilt auch für Ihre Kleidung. Alles was Sie tragen – auch Ihre Hände und die Frisur – sollte sauber und gepflegt sein.

2. Damit drücken Sie nicht nur Ihre Wertschätzung für Ihr Gegenüber aus, sondern es stärkt auch Ihre eigene Position.

3. Achten Sie aber immer darauf, nicht wesentlich besser gekleidet zu sein als Ihr Vorgesetzter. Tragen Sie also nie Blätterteig, wenn er im Bierteig auftritt.

4. Ihre Schuhe verraten Sie. Wer mit ausgelutschten Latschen Champagner servieren will, zapft besser Bier in einer billigen, dunklen Bar. Das gilt auch für Absätze über 8 Zentimeter.

5. Egal wie heiß es ist, tragen Sie nie zu wenig Stoff. Je freier der Blick auf Stachelbeerbeine oder Orangenhaut fällt, desto kleiner ist die Portion an Autorität, die Sie bekommen.

6. Im Business hat sich etabliert: je höher die Position auf der Etage, desto dunkler der Anzug. Also sollte Ihre Wahl auf gedeckte, nicht zu bunte Farben fallen.

7. Offizielle Geschäftsessen sind im Hauptgang Geschäft und nur im Nebengang ein Essen. Hier trägt man beim Dessert immer noch das, was man bereits zur Vorspeise trug. Es sei denn, der Einladende bricht die Regel.

8. Nutzen Sie Ihr Erscheinungsbild, um jedem aufzutischen, wer Sie sind und vor allem, wie Sie sein wollen – kompetent, zuverlässig, professionell.

GEHEIMTIPP

Besonders gut gelingt es Ihnen, wenn Sie sich – underdressed hin oder overdressed her – in Ihrer Kleidung wohl und sicher fühlen. Dann wirken Sie authentisch und überzeugend.

VERARBEITUNGSHINWEIS

Der Arbeitsplatz ist nicht immer der Ort, einen aufsehenerregenden Kleiderstil zu entfalten. Arbeiten Sie lieber an der Entwicklung und Inszenierung einer eindrucksvollen Sterne-Persönlichkeit.

FERTIGREZEPT

Damit tragen Sie in der Regel weder zu dick noch zu dünn auf:

HERREN

Edeljeans, Stoffhose, Hemd, Sakko, Anzug

DAMEN

Rock, Bluse, Stoffhose, Blazer, Etuikleid, Kostüm

NO GOS

tief ausgeschnittene Kleidung, überschminkt, schrill-bunte Krawatten, zu viel Duft, weiße Socken, ungepflegte Hände

ZUTATEN

- ein aufmerksamer Blick für die Kleiderkultur des Unternehmens
- ein umfangreiches Repertoire an frisch geputzter Hausmannskost-Garderobe
- eine ausreichende Auswahl perfekt gepflegter Schuhe
- eine Handvoll schlichter und dunkler Outfits für die obere Etage
- mehrere überzeugende Garnituren der Position, die Sie bekleiden wollen

WIE SIE MIT DER RICHTIGEN PORTION ORDNUNG MEHR ZEIT ZUM GENIESSEN FINDEN

Vermiest es Ihnen nicht auch den Appetit, wenn Sie zufällig einen Blick in die Küche Ihres Lieblingsitalieners werfen und Sie das blanke Chaos überfällt? Ebenso ergeht es demjenigen, der Ihren Schreibtisch sieht und ihn kaum unter Zettelbergen und dem Pizzakarton von vorgestern findet. Der Kamm liegt auf der Butter, die wichtigen Projektunterlagen sind verschwunden und ein professionelles »Mise en Place« ist gar nicht möglich, da es keinen freien »Place« mehr gibt. Ordnung ist das halbe Leben? Na und! Dann leben Sie eben in der anderen Hälfte. Wenn Sie diese nur in all dem Chaos finden könnten. Und Sie suchen und suchen, während sämtliche Eieruhren Alarm schlagen und Ihnen ein Projekt nach dem anderen zerkocht.

In einer ordentlichen und sauberen Küche geht die Arbeit nicht nur schneller, sondern schmeckt auch besser. Mit Ihrem Schreibtisch verhält es sich genauso.

Unser Rezeptvorschlag:

Ausgesiebte Tagesordnung mit einer Extraportion Zeit

Vorbereitung

Wenn auch Sie zu den Köchen gehören, die stets jede Menge Zeit zum Suchen vorrätig haben, aber überhaupt keine Zeit für Ordnung finden können, sollten Sie die Zubereitung dieses Themas ganz oben auf Ihre Fortbildungsliste setzen.

Auch wenn es ohne Frage erheblich einfacher ist, die Küche in ein Schlachtfeld zu verwandeln, als sie danach wieder in Ordnung zu bringen, macht Sie eine aufgeräumte Struktur nicht nur produktiver, konzentrierter und schneller, sondern spart auch enorm viele Nerven.

Schöpfen Sie also besser in einer blitzblanken Küche aus dem Vollen und riskieren Sie nicht, im Eifer der Unordnung Salz und Zucker zu verwechseln.

Zubereitung

1. Zunächst einmal setzen Sie sich an Ihren Schreibtisch und überlegen ehrlich, wie viele Sterne Ihre Arbeitsküche verdient hat.

2. Kalkulieren Sie die zeitliche Tagespauschale, in der Sie Ihren Arbeitsfluss unterbrechen, um fehlende Unterlagen, Dokumente oder Mails zu suchen oder Störendes wegzuräumen.

3. Dann halten Sie fest, wofür Sie diese Zeit viel lieber nutzen würden: Projekten mehr Intensität unterheben, Präsentationen im Vorfeld besser abschmecken oder mehr Freizeit auskosten.

4. Verabschieden Sie sich davon, dass Ihr Schreibtisch ein Ausdruck Ihrer Persönlichkeit ist, und räumen Sie ihn leer. Putzen Sie im wahrsten Sinne des Wortes die Platte – und misten Sie gründlich aus.

5. Richten Sie nun das, was Sie täglich in der Hand haben, in griffbereiter Armreichweite an. Alles andere verschwindet in den Vorratskammern, Regalen und Schubladen.

6. Vermeiden Sie dabei, dass Ihre Schreibtischschubladen Ihrer Unordnung weiter Deckung geben und das Schicksal mit vielen Kühlschrank-Gemüsefächern teilen. Groß und geräumig schlucken sie erst mal alles und dann gammelt es vergessen vor sich hin. Strukturieren Sie Ihre Schubladen mit den guten alten Besteckkästen, in denen Ihr Material geordnet Löffelchen liegen kann.

7. Besorgen Sie sich ein Ablagesystem mit zwei Fächern: »Im Feuer« und »Gegessen«. Gewöhnen Sie sich an, das alltägliche kleine Finger-Food schnell und direkt zu erledigen, so können Sie es rasch und

mit einem guten Erfolgserlebnis wegsortieren. Große Bestellungen bringen Sie erst zu Ende, ehe Sie neue aufnehmen.

8. Machen Sie das Aufräumen Ihres Arbeitsplatzes – online und offline – jeden Abend zum Digestif Ihres Tages und spülen Sie damit allen Ballast vom Tisch.

Geheimtipp

Besonders gut gelingt es Ihnen, wenn Sie sich nicht nur ein strukturiertes, sondern auch ein angenehm gestaltetes Arbeitsumfeld schaffen. Eine langweilige Küche mit einer alten verkratzten Arbeitsplatte wird eher zugestellt als eine attraktive, an deren Oberflächen und Design man sich erfreuen will.

Verarbeitungshinweis

Vorgesetzte achten ebenfalls auf die Ordnung Ihrer Mitarbeiter und bewerten es positiv, wenn es auf Ihrem Schreibtisch nicht aussieht wie bei Hempels unter der Küchenbank.

Fertigrezept

Leicht wird es für Sie, wenn alles seinen festen Platz hat und nach Gebrauch sofort wieder zurückgestellt wird. Wenden Sie beim Aufräumen den Eieruhr-Trick an: Wie bei der Garzeit eines Schmorbratens schätzen Sie den Zeitaufwand, den Sie brauchen, und stellen sich eine Eieruhr. Suchen Sie sich eine Stelle aus und arbeiten Sie sich von dort aus im Uhrzeigersinn voran, entweder links oder rechts herum – völlig egal. Sie werden sich wundern, wie motiviert und fokussiert Sie diese Arbeit angehen – auch wenn sie nicht Ihre Leibspeise ist. Vergessen Sie nicht, sich für die neu gewonnene Ordnungsliebe zu belohnen.

Zutaten

- eine ehrliche Chaos-Tagespauschale
- alle Hände zum Ausmisten
- pfiffige Ideen für ein attraktives Arbeitsumfeld
- mehrere Besteckkästen für Schreibtisch und PC
- ein Ablagesystem mit zwei Fächern: »Im Feuer« und »Gegessen«
- ein allabendliches Digestif-Aufräumen
- eine Eieruhr

Wie Sie mit Mobbing umgehen und nicht zum Opferlamm werden

Mit dem neuen Kollegen beginnt Ihr Alptraum. Hinter Ihrem Rücken wird getuschelt und gelästert. Die Küche wird zum Kühlschrank mit Reizklima und Ihre Kollegen mutieren zu zähnefletschenden Küchenmonstern. Menüfolgen werden ohne Ihr Wissen verändert und die daraufhin von Ihnen gemachten Fehler im Workflow als Begründung genutzt, Sie fortan nur noch Kaffee kochen zu lassen. Mobbing ist ein Mehr-Gänge-Menü der besonders geschmacklosen Art. Systematisch werden Schikanen aufgetischt, die mit Demütigungen und Beleidigungen garniert zum nahezu vollständigen Entbeinen des Selbstwertgefühls und zur Isolation führen. Der Hauptgang besteht aus einer vollends eskalierten Gerüchteküche und als letzter Gang wird die Kündigung serviert.

Mobbing hat sowohl beim Mobber wie auch beim Gemobbten seinen Ursprung in der Schwäche und kann mit einer kleinen Portion Stärke im Keim erstickt werden.

UNSER REZEPTVORSCHLAG:

MIT SELBSTBEWUSSTSEIN GESPICKTER, BREITER LAMMRÜCKEN IN AUSGEKOCHTER KOMMUNIKATIONS-STRATEGIE

VORBEREITUNG

Riechen Sie den Satansbraten so früh wie möglich. Wer mobbt wen und mit welcher Motivation?

Verschaffen Sie sich einen Überblick über die komplette Mobbing-Struktur und versuchen Sie hinter dem Verhalten des Mobbers ein Grundrezept zu erkennen.

Machen Sie sich klar, dass Sie nicht alles schlucken müssen, was man Ihnen unterrühren will.

Sie können jederzeit aufstehen, Ungenießbares in die Küche zurückgehen lassen und den Koch zur Rede stellen.

ZUBEREITUNG

1. Schreiben Sie sich jede Mobbing-Attacke mit allen Zutaten auf.

2. Egal was passiert: Lassen Sie sich weder aufreiben noch stumm auf kleiner Flamme zerkochen. Das macht Sie nämlich angreifbar und handlungsunfähig und das Rezept des Mobbers geht auf.

3. Lassen Sie nichts anbrennen und ergreifen Sie direkt Gegenmittel, denn je länger der Prozess dauert, desto mehr Kollegen und Vorgesetzte rühren im Mobbing-Brei mit.

4. Was Sie jetzt brauchen, ist ein kühler Kopf und ein messerscharfer Verstand, damit Sie der Sache auf den Grund und nicht selbst auf dem Zahnfleisch gehen.

5. Stellen Sie stichfeste Beweise und Zeugen sicher. Screenshots, ausgedruckte Mails oder Fotos dokumentieren, dass Sie durchaus in der Lage sind, ebenfalls die Messer zu wetzen.

6. Mobber bevorzugen schweigsame Prügellämmer, die alles in sich hineinfressen und sichtbar leiden. Tun Sie alles dafür, diesem Opferschema nicht zu entsprechen.

7. Überraschen Sie stattdessen mit einer offenen Kommunikationsstrategie. Damit holen Sie den Mobber – egal, ob Kollege oder Vorgesetzter – aus dem diffusen Küchendunst und können ihn direkt konfrontieren.

8. Lassen Sie sich aber nicht auf unqualifizierte und zeugenlose Gespräche in der Kaffeeküche ein und vermeiden Sie es un-

bedingt, öffentlich Frust und Wut abzulassen.

9. Wenn Sie von einem Kollegen gemobbt werden und im Dialog mit ihm nicht weiterkommen, dann scheuen Sie sich nicht, Ihren Vorgesetzten ruhig und sachlich auf die Sachverhalte anzusprechen. Finden Sie heraus, inwieweit er die Vorwürfe gegen Sie kennt, ob er sie bereitwillig frisst oder Ihnen volle Rückendeckung gibt.

10. Sollte Ihr Vorgesetzter der Verursacher sein, dann weisen Sie ebenso frühzeitig den Opferlammspieß von sich oder drehen Sie ihn um. Suchen Sie bei loyalen Kollegen, professionellen Partnern wie Betriebsrat, Personalabteilung oder Mobbing-Beauftragten Unterstützung.

GEHEIMTIPP

Besonders gut gelingt es Ihnen, wenn Sie gerade in solchen Zeiten Ihre Familie und Ihre Hobbys nicht vernachlässigen. Hier können Sie Ihre Widerstandsfähigkeit mit Anerkennung und Halt anreichern.

VERARBEITUNGSHINWEIS

Wenn alle Anstrengungen Ihrerseits trotzdem nicht fruchten, wechseln Sie die Küchenadresse nach dem Motto: Ein schneller, scharfer Schnitt tut weniger weh als ein langsames Aufreiben.

FERTIGREZEPT

Wer fragt, führt. Hier eine Frage, mit der Sie Mobber aus dem Konzept bringen können: »Ich habe gerade meinen Namen gehört. Möchten Sie mir etwas sagen?«

ZUTATEN

- ein kühler Kopf
- ein messerscharfer Verstand
- so viele Beweise, Zeugen und Partner, wie Sie finden können
- klare, überlegte Worte, mit denen Sie den Mobber konfrontieren
- ein Perspektivenwechsel vom Opfer zum Akteur
- ein Spieß zum Umdrehen
- ein Küchentisch voller Familie und guter Freunde

WIE SIE SICH MISSERFOLGE NICHT LÄNGER SELBST AUFS BROT SCHMIEREN

Hätten Sie damals nur nicht Ihre Chance anbrennen lassen! Dann würden Kochschüler auf der ganzen Welt Ihren Namen kennen und nicht den von Paul Bocuse. Wie konnten Sie nur! Unverzeihlich!

Bei derartigen Selbstvorwürfen bekommt nur einer genug Futter: Ihr innerer Kritiker, der sich an Ihrer Selbstdemütigung dick und fett frisst. Das Beste, was die Küche für ein miserables Leben zu bieten hat, sind wiedergekäute Schuldgefühle und eine schier endlose Fehlerliste. Statt den Teller der Schuld irgendwann weit von sich zu schieben und endlich mit sich ins Reine zu kommen, schaufeln Sie sich die Schüsseln so voll damit, dass Sie sie kaum tragen können.

Sich selbst verzeihen heißt, fressen zu müssen, dass Sie nur ein Mensch sind und auch mal Fehler machen.

UNSER REZEPTVORSCHLAG:

FRIEDE FREUDE EIERKUCHEN AN EGAL-WAS-SIE-AUSGEFRESSEN-HABEN

VORBEREITUNG

»Das verzeihe ich mir nie!« Hören Sie auf, sich für begangene Fehler weiter schlecht zu fühlen und Ihre Energie in etwas zu investieren, was schon lange kalter Kaffee ist.

Sie haben den teuren Rotwein auf das weiße Oberhemd verschüttet. Die Flecken sind – vermutlich für immer – sichtbar. Aber der Käse ist gegessen, der Drops ist gelutscht und Sie können es nicht mehr ändern.

Machen Sie kein Hackfleisch aus sich, denn auch Ihre Selbstbestrafung wird Ihre Schuldgefühle nicht stillen – egal wie streng, unbarmherzig und zerstörerisch Sie zu sich selbst sind.

ZUBEREITUNG

1. Machen Sie sich klar, dass Sie keinen Fehler mit Absicht begehen und auch dem gewieftesten Chefkoch mal die Bratkartoffeln verbrutzeln.

2. Sie geben Ihr Bestmögliches. Wenn Sie diese Situation besser hätten zubereiten können, dann hätten Sie anders gehandelt … das gilt übrigens auch für alle anderen Küchenfeen an Ihrem Herd.

3. Nichts wird so heiß gegessen, wie es gekocht wird. Seien Sie also nicht zu hart mit sich. Niemand ist perfekt. Und niemand kocht alles auf den Punkt. Der misslungene Braten ist kein Genuss, aber auch kein Küchendrama.

4. Nehmen Sie Ihren Fehler sachlich zur Kenntnis. Ihr Soufflé ist in sich zusammengefallen, weil Sie die Ofentür zu früh geöffnet haben. Betrachten Sie dabei nur den Fehler, stellen Sie aber nicht Ihre gesamte Person und Ihr Können infrage.

5. Entwickeln Sie ein Rezept, wie Sie den Fehler zukünftig vermeiden können.

6. Das Gute an Fehlern ist, dass sie Ihnen zeigen, was bis dahin in Ihrer Speisekammer der Erfahrungen gefehlt hat. Jetzt fehlt es nicht mehr. So sind Fehler auch ein Gewinn.

7. Dann kommt der schwierigste Zubereitungsschritt: Verzeihen Sie sich selbst.

8. Also Küchenschwamm drüber und gut? Leider funktioniert es meistens nicht so einfach.

Akzeptieren Sie, dass Sie so gehandelt haben, und lassen Sie sämtliche Gedanken daran los, wie Sie hätten anders handeln müssen. Das sind ungelegte Eier.

9. Bemühen Sie sich, die Sache so gut es geht zu retten. Entschuldigen Sie sich, machen Sie das Soufflé neu, bringen Sie die Rotweinflecken in die Reinigung – aber ent-schulden Sie sich damit auch wirklich.

10. Schuldgefühle, ein schlechtes Gewissen und nachtragendes Küchenmesser-Harakiri fesseln Sie in der Vergangenheit wie das Küchengarn die Kohlroulade. Befreien Sie sich von der Vorstellung, nur noch aus diesem Fehler zu bestehen, und schauen Sie nach vorne auf die Speisenkarte von morgen.

GEHEIMTIPP

Besonders gut gelingt es Ihnen, wenn Sie jeden Fehler begrüßen und ihn als Treibmittel Ihrer Fähigkeiten betrachten.

VERARBEITUNGSHINWEIS

Wenn Sie sich selbst verzeihen lernen, gelingt es Ihnen auch, anderen zu verzeihen. Übrigens fallen Verzeihen und Versöhnung nach einem guten Essen leichter.

FERTIGREZEPT*

(* Das haben wir vergessen. Da haben wir nicht aufgepasst – unser Fehler. Entschuldigung. Das passiert uns nicht wieder. Bitte lesen Sie jetzt einfach bei den Zutaten weiter.)

ZUTATEN

- ein gesundes Maß an Sachlichkeit
- eine gute Fehlerverträglichkeit
- ein großer Bund »Verzeih-ich-mir«
- ein ungetrübter Blick in die Zukunft
- ein sehr saugfähiger Schwamm
- ein ent-schuldetes Gewissen

WIE SIE ÄNGSTE BEWÄLTIGEN UND WEDER ALLES FRESSEN NOCH GEFRESSEN WERDEN

Spätestens am Sonntagabend geht es los. Sie denken nicht nur mit Bauchweh an Montagmorgen, sondern schon an die gesamte Woche mit ihren geschirrbergehohen Herausforderungen. Ihr Chefkoch erwartet, dass Ihr Flying Büffet von alleine fliegt, während Sie sich wie ein Canapé mit Flugangst fühlen, das dringend einen Termin auf der Couch braucht. In einer Zeit, in der zwischen Bestellung und Servieren nur noch Minuten vergehen dürfen, stehen Ängste ganz oben auf der Liste der Dinge, die Sie auffressen.

Angst ist die schlechteste aller Zutaten. Sie gehört in kein Gericht, da sie verhindert, dass sich Ihre Aromen entfalten.

UNSER REZEPTVORSCHLAG:
ANTI-ANGST-SMOOTHIE MIT HANDLUNGSSTROHHALM

VORBEREITUNG

Angst ist eine natürliche Reaktion, die Sie bei Bedrohung entweder auf Küchenflucht oder auf Küchenschlacht vorbereitet.

Eine kleine Prise Angst steigert die Konzentration, die Aufmerksamkeit und die Motivation.

Kommt es aber zu einer Überdosierung, löst sie das Gegenteil aus: Sie lässt Ihr Feuer in einer Terrine der Erschöpfung bis zum Burnout erlöschen. Akzeptieren und respektieren Sie Ihre Angst und nehmen Sie sie als etwas Lebensrettendes an. Sie ist wie ein durch Schimmel verfärbtes Lebensmittel, das uns davor warnt, etwas zu essen, das uns krankmacht.

ZUBEREITUNG

1. Zuallererst führen Sie sich vor Augen, dass weder Küchenjunge noch Chefkoch vor Ängsten sicher sind. Sie gehören in unserer Leistungsgesellschaft zu den Grundnahrungsmitteln, die jeder schon probieren musste.

2. Lassen Sie sich keinesfalls beirren durch Öl-ins-Feuer-Gießer, die behaupten, Sie stellen sich nur an.

3. Ängste gibt es wie Linsen in der Dose. Grundsätzlich gilt: Je höher die Position, desto größer ist die Angst, Fehler zu machen, die Angst vor Konflikten, Überforderung, Versagen, Neuem und schließlich die Angst vor der Angst.

4. Angst schmort leider allzu oft in einem Sud aus Scham. Da gehört sie nicht rein. Angst ist keine Schwäche, sie ist ein Warnsignal und gehört auf ein Bett aus Handlungsmöglichkeiten, die Sie nutzen sollten.

5. Ihre Angst stellt Sie vor die Wahl zwischen Brust, Beinchen oder Keule. Wollen Sie sich mit der Brust auf den Boden legen und tot stellen, die Beinchen in die Hand nehmen und bekömmlichere Alternativen suchen oder die Keule schwingen und sich handelnd zur Wehr setzen?

6. Beachten Sie dabei, dass anders als beim Truthahn die Brust hier die schlechteste Variante darstellt. Sie führt dazu, Ängste zu verdrängen und Fehler zu kaschieren. Das Dilemma wird dadurch eher noch größer.

7. Forschen Sie nach, welche Ursachen Ihre Angst hat. Wann, wo und bei wem reagieren Sie allergisch?

8. Danach kommen Sie unbedingt ins Handeln. Suchen Sie sich jemanden, mit dem Sie Ihre Ängste besprechen können. Geteilte Angst ist halbe Angst. Verkriechen Sie sich nicht mit einem Krankenschein hinter dem Ofen, sondern holen Sie sich so früh wie möglich professionelle Hilfe.

GEHEIMTIPP

Besonders gut gelingt es Ihnen, wenn Sie sich fragen, was Ihnen wirklich passieren kann. Drehen Sie sich nicht selbst mit panischen Worst-Case-Szenarien durch den Spiralschneider, sondern stellen Sie sich in kleinen, aber feinen Portionen Ihren Angstfeinden und belohnen Sie sich nach jedem noch so kleinen Erfolg.

VERARBEITUNGSHINWEIS

Seien Sie ehrlich zu sich selbst und stehen Sie zu Ihren Ängsten. Bedenken Sie: Angst ist die Grundzutat für Mut.

FERTIGREZEPT

A – Angst zulassen

N – Nicht verkriechen

G – Genau analysieren

S – Schnell Hilfe holen

T – Tun statt tot stellen

ZUTATEN

- ein tiefgründiger Angst-Allergie-Test
- je eine Handvoll Akzeptanz und Respekt
- eine aufrichtige Entscheidung zwischen Brust, Keule oder Beinchen
- so viel Hilfe, wie Sie bekommen können
- so viel Mut, wie Sie finden können

Keinesfalls untermischen:

- Schamgefühle

Wie Sie sich zwischen Fisch und Fleisch entscheiden

Kennen Sie die Art von Restaurants, deren Angebot so groß ist, dass man gefühlte Stunden damit verbringen könnte, es zu studieren, um hinterher immer noch nicht zu wissen, was man essen will? Ihre berufliche Speisenkarte bietet eine ebenso überfordernde Vielfalt und stellt Sie täglich vor Entscheidungen. So stehen Sie über alle Konsequenzen grübelnd am Büfett – während Ihr Teller leer bleibt. In der Regel lässt Sie aber nicht die falsche Entscheidung für Steak oder Dorade verhungern, sondern die, dass Sie keine Wahl getroffen und sich damit für Weder-noch entschieden haben.

Eine falsche Entscheidung macht Sie besser satt als gar keine.

Unser Rezeptvorschlag:

Tuntorte aus Für- und Wider-Schichten mit dem Besten aus allen Konsequenzen

Vorbereitung

Entscheidungen sind die Basis Ihres selbstgebackenen Lebens. Dabei bereiten Sie Ihre Lebenstorte ohne doppelten Boden zu. Auch Sie werden nichts daran ändern, dass Sie erst feststellen können, ob der Boden zu hart und die Füllung nicht süß genug ist, wenn das Stück bereits auf Ihrem Teller liegt.

Ihnen bleibt also nur die Möglichkeit, sich die Tortenauswahl genau anzuschauen und herauszufinden, auf welchen Kuchen Sie genau in diesem Moment Appetit haben. Vielleicht fragen Sie ja auch die Dame am Kuchenbüfett, ob sie Ihnen etwas empfehlen kann.

Machen Sie sich klar, dass es die schlechteste Alternative ist, aus Angst vor Entscheidungen gar nichts mehr gebacken zu kriegen.

Zubereitung

1. Entscheidungen brauchen vor allem zwei Zutaten: einen klaren Kopf, der alle Alternativen abwägt, und Ihr Bauchgefühl, das Ihnen intuitiv sagt, was Ihnen schmeckt.

2. Sammeln Sie zunächst einmal Futter für Ihren Kopf und bereiten Sie eine Pro- und Kontra-Liste zu, mit der Sie jedes Haar in der Suppe finden können.

3. Nehmen Sie dabei immer wieder Kontakt zu Ihrem Bauch auf. Ihre emotionale Vorratskammer der Erfahrungen weiß oft besser als Ihr Kopf, was Ihnen gut bekommt.

4. Hören Sie unverzüglich damit auf, nach der einzig richtigen und für immer perfekten Entscheidung zu suchen, die auch im Nachgang noch allen Geschmackskriterien entspricht.

5. Sie können im Vorfeld nicht alle Konsequenzen bedenken. Also verlangen Sie

von sich, nicht der Küchenprophet zu sein, der bereits die Speisenkarte der Zukunft kennt.

6. Fragen Sie sich, wie schwerwiegend Ihre Entscheidung wirklich ist. Gibt es nur die Alternative zwischen Leben oder Hungertod? Welche Konsequenzen sind realistisch und wo schäumt Ihre Fantasie dramatisch über?

7. Setzen Sie sich eine definierte Garzeit für Ihre Entscheidung – ohne endloses Drehen und Wenden.

8. Treffen Sie Ihre Entscheidung dennoch in Ruhe und nicht, wenn Sie wie ein Quirl wirbeln oder vielleicht sogar ein anderer am Regler spielt.

9. Machen Sie das Beste auch aus unvorhergesehenen Konsequenzen und verzeihen Sie sich Fehlentscheidungen. Die meisten

Fehler lassen sich mit einem Schuss Sahne oder einem hinzugefügten Stich Butter gut korrigieren und sind manchmal sogar der Grundstein für ein völlig neues Rezept.

GEHEIMTIPP

Besonders gut gelingt es Ihnen, wenn Sie erst gar nicht versuchen, auf Nummer sicher zu gehen. Diese Nummer gibt es auf keiner Karte. Wägen Sie ein vernünftiges Maß an Risiken ab und kommen Sie ins Handeln.

VERARBEITUNGSHINWEIS

Bevor Sie Ihre Entscheidung vor sich herschieben wie Rührei in der Pfanne, befreien Sie sich von der Einstellung, dass Ihre Auswahl gleichzeitig eine Abwahl für immer darstellt. Viele Wege führen auch noch mal zum Kuchenbüfett zurück.

FERTIGREZEPT

Ein Satz aus der Entscheidungs-Re-Torte:

»Ich gebe mein Bestes und treffe eine Entscheidung, die ich genau in diesem Moment für gut und richtig empfinde.«

ZUTATEN

- ein klarer Kopf
- eine mit Bauchgefühl gefüllte Vorratskammer
- zwei Hände voll realistischer Einschätzungen
- ein vernünftiges Maß an Risiko
- eine durchdachte und gefällte Entscheidung
- eine offen gelassene Küchenhintertüre

WIE SIE VOM HEFEKRÜMEL ZUR PIZZA SPECIALE ÜBER SICH HINAUSWACHSEN

Halten auch Sie sich stets hundertprozentig ans vorgegebene Traditions-Rezept? Vorsichtig wägen Sie alle Für und Wider ab, gehen auf Nummer sicher und trauen sich nicht, Gerichten neue Geschmacksnoten zu geben. An Ideen mangelt es Ihnen jedoch nicht. Sie spüren, dass Sie noch Luft nach oben und das Zeug zu mehr haben. Statt Ihre Fähigkeiten als ewig strammer Max im Stillen verkümmern zu lassen, ist jetzt der richtige Moment, die Büchse der Möglichkeiten zu öffnen, um sich groß und stark zu füttern.

Ein wohldosiertes Selbstbewusstsein und ein gesundes Selbstwertgefühl lassen Ihre Persönlichkeit aufgehen wie ein Hefeteig.

UNSER REZEPTVORSCHLAG:

PIZZA ALL-YOU-CAN MIT DOPPELT KÄSE UND GRATIS-MONTEPULCIANO

VORBEREITUNG

Die Hefewürfel sind noch lange nicht gefallen und es ist jederzeit möglich, aus einem kleinen Teig fettes Brot zu machen.

Auch die Pizza entstand in einer kalten Küche. Alles, was die hungernden Italiener noch hatten, legten sie auf einen einfachen Teigfladen und damit begann unverhofft eine kulinarische Weltgeschichte.

Schmeißen auch Sie alles, was Ihre Speisekammer zu bieten hat, aufs Blech und kratzen Sie aus der hintersten Ecke all Ihren Mut und Ihre Power zusammen. Verschenken Sie nichts und verteilen Sie alles großzügig auf dem Boden Ihrer Fähigkeiten.

ZUBEREITUNG

1. Setzen Sie mit frischer Mut-Hefe einen Vorteig an. Aber führen Sie den Teig nicht durch ausgiebige Ruhephasen, sondern bringen Sie ihn durch das Arbeiten an Ihren persönlichen Fähigkeiten zum Gehen.

2. Wenn Sie unter dem Geschirrtuch Ihre Größe verdoppelt haben, dann schauen Sie über den Schüsselrand.

3. Heizen Sie jetzt den Ofen bei Kollegen, die Sie unterstützen, ein wenig vor, dann hat es Ihr über Sie hinausgewachsenes Ich gleich etwas wärmer.

3. Glauben Sie nicht alles, was Sie über sich in Ihrem Rezeptbuch lesen. Machen Sie mit vorsichtig bemehlten Händen Ihrem Selbstwertgefühl und Ihrer Selbstachtung Platz auf dem Küchenbrett.

4. Kneten und drücken Sie den Rohteig Ihrer Fähigkeiten liebevoll in die Wunschform. Benutzen Sie dabei auf keinen Fall das Nudelholz, sonst walzen Sie alles platt und der Teig bleibt am Blech kleben.

5. Jetzt kommt der Belag aus Erfahrung, Know-how und Engagement. Pflücken Sie dabei aber nicht alles zu klein und verwenden Sie ganze Artischockenherzen.

6. Der Wert Ihrer Pizza ist dabei nicht abhängig von der Üppigkeit des Belags oder vom Aussehen. Machen Sie sich die Qualität und die Frische Ihrer Erfolge bewusst. Vergleichen Sie sich nicht mit der exotischen Hawaii oder der beeindruckenden Quattro Stagioni. Sie sind die Speciale und darauf kommt es an.

7. Schieben Sie sie jetzt gekonnt in einen möglichst heißen Ofen. Dann geht das Rezept am besten auf und das Ergebnis ist locker, professionell und einzigartig zugleich. Wenn dann alle vor Ihnen den Pizza Hut ziehen, dann widersprechen Sie nicht, indem Sie aufzählen, was auf Ihrer Pizza noch fehlt.

Nehmen Sie die Komplimente dankend und zufrieden an.

GEHEIMREZEPT

Besonders gut gelingt es Ihnen, wenn Sie sich Ihre Erfolge bewusst machen, denn sie sind der Belag auf dem nächsten Blech. Vergessen Sie dabei nicht, den Ofen weiter zu heizen und bei der vorhandenen Wärme schon die nächste Portion Hefeteig anzusetzen.

VERARBEITUNGSHINWEIS

Klappt auch, wenn Sie auf Trockenhefe sitzen. Sorgen Sie dann nur für einen lauwarmen Schluck Wasser aus den Reihen der wohlgesonnenen Kollegen.

FERTIGREZEPT

Wie viel in Ihrer Speisekammer steckt, wissen Sie erst, wenn Sie alles aus sich herausgeholt haben.

ZUTATEN

- frische Mut-Hefe
- die gesamte Menge an Selbstwertgefühl und Selbstachtung, die vorhanden ist
- ein stabiler Boden aus Erfahrung, Know-how und Engagement
- frischer Belag aus besonderen Fähigkeiten und Erfolgen
- ein vorgeheizter Ofen mit gleichmäßiger Wärme

DESSERT

Das krönende Finale kann nicht reich, gehaltvoll und süß genug sein. Langen Sie mutig und ohne Sorgen zu. Probieren Sie alles aus – **DER RICHTIGE ZEITPUNKT IST JETZT!**

Versuchungen
sollte man nachgehen,
wer weiß, ob sie
noch mal serviert werden.

116

WIE SIE DIE UMSETZUNG IHRER TRÄUME GEBACKEN KRIEGEN

Nur was Kleines zum Dessert? Kommt nicht infrage! Man lebt doch nicht nur, um zu arbeiten!

Oder gehören auch Sie zu den Menschen, die sich die süßen Träume des Lebens standhaft verkneifen? Schließlich kann man sich das nicht erlauben … und überhaupt, was sollen denn die Tischnachbarn denken, wenn Sie sich – einfach so – ein Sahnehäubchen samt Cocktailkirsche gönnen?

Träume sind das Salz in der Suppe des Lebens – vergessen wir sie, schmeckt das Leben fad.

UNSER REZEPTVORSCHLAG:

TRAUMHAFTER MUTCOCKTAIL MIT STERNFRUCHT

VORBEREITUNG

Haben auch Sie so viele Ziele auf Ihrem Menüplan, dass Sie Ihre Träume darüber ganz vergessen? Dann sollten Sie zunächst einmal ganz tief kramen.

Welche Idee verstaubt bereits seit Jahren in Ihrem Kellerregal und wartet darauf, endlich als Hauptspeise Ihres Lebens zubereitet zu werden?

Welche Idee treibt Sie wie Hefe zur doppelten Größe an? Und ist das wirklich Ihr Wunschmenü oder träumen Sie nur jemand anderem nach dem Mund?

ZUBEREITUNG

1. Holen Sie Ihre Träume mutig ans Tageslicht. Waschen Sie sie gründlich ab, prüfen Sie, ob sie inzwischen lange genug gereift sind, und schneiden Sie faule Stellen heraus.

2. Haben Sie immer noch einen Bärenhunger auf die Umsetzung Ihres Traumes und läuft Ihnen schon bei dem Gedanken daran das Wasser im Munde zusammen?

3. Dann probieren Sie mutig das Unbekannte. So, wie Sie als Kind den Finger ins Marmeladenglas gesteckt haben. Picken Sie neugierig die Möglichkeiten heraus und lassen Sie Ihre Bedenken, Ihre Bequemlichkeit und Ihre Unsicherheit einfach auf dem Tellerrand liegen.

4. Wenn es Ihnen schmeckt, dann hauen Sie ordentlich rein. Machen Sie aus Ihren Ideen ein Festmahl, bei dem Sie jeden Gang genießen.

5. Greifen Sie zu – und gerne auch nach den Sternen. Selbst wenn Ihre Küche keinen Stern bekommt, so machen Sie sie trotzdem zu einem Ort, wo Milch und Honig fließen.

6. Glauben Sie an sich und lassen Sie sich nicht von anderen Köchen, die für nichts mehr überschäumen, Ihre Suppe versalzen.

7. Zwischen Ihrem Traum und der Realisierung liegt nur ein kleiner Zwischengang: das »Tun-Sorbet«. Leider wird es nicht auf Kommando serviert, man findet es auch nicht am Tischlein-deck-dich oder in der Instant-Tüte, aber es lohnt sich, alle Löffel dafür in Bewegung zu setzen.

GEHEIMTIPP

Besonders gut gelingt es Ihnen, wenn Sie das Feuer Ihrer Leidenschaft nicht durch jeden Spritzer der Vernunft löschen lassen. Ideen brauchen Unvernunft wie Kuchen die Unterhitze.

VERARBEITUNGSHINWEIS

Um sich neuen Mut für Ihre Träume zu holen, reicht ein Blick auf die Ideen, die Sie schon erfolgreich zubereitet haben. Ganz wichtig: Werfen Sie dabei auch die kleinen Erfüllungen mit in den Topf.

FERTIGREZEPT

Erinnern Sie sich an das Kühlschrankdilemma? Jeden Tag packt man irgendetwas vorne in den Kühlschrank. Logischerweise geraten die Dinge, die bereits im Kühlschrank standen, damit immer weiter nach hinten. Auf diese Weise fristen viele Ideen in dunklen Gefilden ein unterkühltes Dasein.

Reißen Sie die Kühlschranktür weit auf, sodass auf alles ein neues Licht fällt:

- Welche meiner Ideen ist bis heute – und wahrscheinlich noch lange – haltbar?

- Auf welche Idee habe ich richtig Appetit?

Erstellen Sie eine Löffel-Liste der fünf Ideen, die Sie unbedingt in Angriff nehmen möchten, bevor Sie beruflich den Löffel an Ihren Nachfolger abgeben und in Rente gehen.

ZUTATEN

- ein reifer Traum

- ein Bärenhunger auf die Umsetzung dieses Traumes

- je eine Dose Mut und Begeisterung

- ein Sack voll Neugier

- Glaube an sich selbst

- eine Löffel-Liste

- jede Menge Herzblut und Power zur Umsetzung

Wie Sie die Schokoladenseiten des Lebens entdecken und geniessen

Fühlen auch Sie sich manchmal wie in einer Salatschleuder? Die Küchenmaschine erhöht per Autopilot stetig die Umdrehungszahl, bis Sie haltlos durchdrehen. Sie jonglieren gleichzeitig mit Tellern und Töpfen und bemühen sich, die pausenlos auf Sie einprasselnden Bestellungen anderer zu erfüllen – besser noch: sie zu übertreffen. Während Sie noch die Vorspeise anrichten, sind Sie in Gedanken bereits beim Dessert … nein, nicht bei dem von heute, sondern bei dem von morgen. Außerdem rauben Ihnen die Reste von gestern, in Form von schlechten Erfahrungen, wertvolle Ressourcen in Ihrer Reservekammer.

Es braucht nicht viele Zutaten, um sich das Leben schmecken zu lassen. Nur einen bewussten Augenblick des Genusses.

UNSER REZEPTVORSCHLAG:

ACHTSAMKEITS-PAUSENSNACK IM HIER UND JETZT

VORBEREITUNG

Jeder Koch weiß, dass Fleisch nach der Zubereitung einen Moment ruhen sollte. Erst wenn es – schützend in Alufolie gehüllt – einige Minuten zur Ruhe kommt, entwickelt es sein volles Aroma. Nehmen auch Sie sich eine kurze Atempause, um Ihrer Energie und Ihrer Lebensfreude Gelegenheit zu geben, im Munde zusammenzulaufen.

Es ist eine Milchmädchenrechnung, zu glauben, Sie werden schneller und besser, wenn Sie immer auf der höchsten Stufe laufen oder in noch mehr Töpfen rühren. Schieben Sie den Schnellkochtopf von der Platte, schalten Sie Ihr Gehirn auf Umluft und treten Sie einen Schritt vom Herd zurück.

Lassen Sie los: die versalzene Suppe von gestern, die fehlenden Zutaten für heute und das Sorgensoufflé von morgen. Servieren Sie sich stattdessen eine ordentliche Portion Gelassenheit, die sich – ähnlich wie der Fleischsaft unter der Alufolie – in Ihnen sammelt.

ZUBEREITUNG

1. Gelassen und mit der vollen Konzentration auf die Zubereitung des Augenblicks können Sie jetzt die turbulente Alltags-Kantine verlassen und sich auf die Suche nach den Schokoküssen machen.

2. Achten Sie ganz bewusst darauf, dass Sie weder im Genuss-Hungerstreik noch auf Schokoladenseiten-Diät sind. Stellen Sie sicher, dass Sie wirklich nichts – auch nicht Sie selbst – daran hindert, sich Ihr Leben zu gönnen.

3. Dann können Sie sie entdecken: die Trüffelkugeln, die jeden Tag puderzuckerbestäubt durch Ihr Leben kullern. Sie können sie riechen, schmecken und spüren, wie sie Ihren Geist und Ihre Seele lebenssatt füttern.

4. Trauen Sie sich, zuzugreifen. Schokoladeessen ist ganz einfach. Auch Sie haben dieses Können, nutzen Sie es. Wenn Glücksmomente wie Fingerfood durch Ihren Alltag fliegen, dann machen Sie den Mund auf. Kauen und lecken Sie schmatzend daran herum, ohne zu grübeln, was andere dabei denken könnten. Verlieren Sie sich übermütig in diesem Genuss und schwelgen Sie hingebungsvoll ohne Wenn und Aber.

5. Sie brauchen dazu keine Auszeichnung, keinen Stern, keinen Speise-Plan, kein besonderes Rezept, kein außergewöhnliches Equipment oder exotisches Gewürz. Die einzige Zutat, die Sie benötigen, ist die Fähigkeit, den Augenblick zu leben. À la minute, hier und jetzt, nicht irgendwann, nicht heimlich, sondern achtsam und ohne schlechtes Gewissen.

6. Sorgen Sie dafür, dass Sie sich regelmäßig einen ordentlichen Nachschlag von den süßen Seiten des Lebens gönnen. Sie werden erleben, wie köstlich das Leben ohne in Stücke reißendes Multitasking, dafür

aber mit ruhig-simmernder Achtsamkeit und feinperliger Lebensfreude schmeckt.

7. Lassen Sie dabei den Kelch der Bewertung mit Gelassenheit an sich vorbeiziehen. Das ständige Vergleichen mit anderen macht auch aus der üppigsten Schokoladentorte eine nicht enden wollende Saure-Gurken-Zeit.

8. »Du bist, was du isst!« – also seien Sie nicht hastig, kritisch, verurteilend und immer to go.

Achtsam und mit schokoladenverschmiertem Mund werden Sie zu einem Menschen, der nicht nur isst, um zu leben, sondern auch lebt, um zu genießen. Obendrein wird so jeder gerne und gut mit Ihnen Schoko-Kirschen essen wollen.

GEHEIMTIPP

Besonders gut gelingt es Ihnen, wenn Sie sich auch über Schokoladenflecken freuen – deuten Sie sie als Beweis für die Schokoladenseiten des Lebens.

VERARBEITUNGSHINWEIS

Kostproben lassen sich nicht aufschieben. Wenn Sie darauf warten, dass Sie mehr Zeit haben, reich oder pensioniert sind, dann riskieren Sie, irgendwann vor leeren Schüsseln zu stehen.

Also warten Sie nicht, bis ein Tisch frei wird, sondern genießen Sie schon mal die Vorspeise an der Bar.

FERTIGREZEPT

Stecken Sie sich morgens in Ihre linke Hosen- oder Jackentasche 10 Schokolinsen. Und jedes Mal, wenn Sie ein positives Erlebnis haben wie ein schönes Telefonat oder jemand lächelt Sie an oder Sie wurden gelobt, dann nehmen Sie eine Linse von der linken in die rechte Tasche. Abends, wenn Sie zu Hause sind, schauen Sie sich Ihre Schätze an und lassen sich die schönen Augenblicke auf der Zunge zergehen. Sollte Ihre Hose oder Jacke dabei Schokoladenflecken bekommen, denken Sie einfach an unseren Geheimtipp oder nehmen Sie Trockenlinsen.

ZUTATEN

- ein Moment, um inne- zuhalten
- zwei Hände und ein Kopf, die loslassen
- zwei große Tassen Gelassenheit
- tagesfrisches Hier und Jetzt
- ein scharfer Blick für die Köstlichkeiten des Lebens
- Genussfreude ohne Wenn und Aber
- 10 Schoko- oder Trockenlinsen

WIE SIE AUS FALLOBST PASSIONSFRÜCHTE MACHEN

Wenn Sie erst mal Ihr eigenes Restaurant führen, dann … Ja, was denn dann? Haben Sie dann mehr Zeit? Mehr Geld? Sind Sie dann glücklich? Fest steht, bis dahin sind Sie es nicht und das ist eine Verschwendung à la Milchsee oder Butterberg. Sie haben es ganz alleine in der Hand, auch aus vermeintlichen Resten Ihr ganz individuelles und unvergessliches Menü zuzubereiten. Werden Sie zum Restegourmet und bereiten Sie sich mit Fantasie und Dankbarkeit ein wohlschmeckendes Glück.

Lieber das Fallobst in der Hand als die Kirschen am Baum.

UNSER REZEPTVORSCHLAG:

KARAMELLISIERTES FALLOBST MIT REST-ROSINEN AUS DER ÜBRIGGEBLIEBENEN BUTTERPFANNE

VORBEREITUNG

Beim sehnsuchtsvollen Blick auf Nachbars Kirschbaum haben Sie das vollreife Fallobst direkt vor Ihren Füßen schon lange aus dem Blick verloren. So ist es Ihnen nicht mal wert, sich danach zu bücken.

Schmecken die Kirschen in Nachbars Garten wirklich so süß – oder wollen Sie einfach nur nicht wahrhaben, dass man sich an ihren Steinen auch die Zähne ausbeißen kann oder, schlimmer noch, Steine schlucken muss?

Wenn Sie feststellen, dass das, was Sie für einen süßen Traum halten, letztlich nur Sauerkirschen sind, dann bücken Sie sich lieber nach den Äpfeln auf der Wiese und pressen Sie daraus gesunden, naturtrüben Apfelsaft.

ZUBEREITUNG

1. Sicher, Fallobst hat mitunter braune Stellen. Oft sind es Projekte, die schon etwas länger liegen. Aber unterschätzen Sie den Überraschungseffekt nicht, wenn Sie gerade daraus etwas unerwartet Appetitliches oder richtig freche Früchtchen zaubern.

2. Unzählige ehemalige Arme-Leute-Essen stehen heute in Spezialitäten-Restaurants ganz oben auf der Karte. Machen auch Sie aus einer gefallenen Pink Lady eine Tarte Tatin.

3. Manchmal ist auch der ein oder andere Wurm im Apfel: im Vorfeld schlecht gelaufene Absprachen, ungenießbare Ansprechpartner oder Kollegen, die alles ewig vor sich hin köcheln lassen. Seien Sie dann einfach großzügig beim Verlesen und schneiden Sie die faulen Stellen rigoros ab.

4. Pressen Sie die wertvollen Möglichkeiten restlos aus und setzen Sie den aufgefangenen Saft mit hochprozentigem Engagement in einem blickdichten Gefäß an.

5. Die besondere Süße erhalten Sie durch drei unersetzliche Zutaten: Ihre Dankbarkeit für das, was Sie haben, eine Idee, was Sie daraus machen, und Ihr Herzblut.

6. Luftdicht verschlossen geben Sie den Projekten nun genug Ruhezeit. Nachdem daraus ein hochkonzentrierter Extrakt geworden ist, können Sie das große Fass Ihres Erfolgs aufmachen.

7. Der Vorteil bei Fallobst-Projekten ist, dass sie wirklich reif und ohne größere Anstrengungen zu erreichen sind. Im Vorbeigehen können Sie diese auflesen und so rasch Ihre Ernte einkellern. Übrigens eignen sich Fallobst-Projekte auch hervorragend als Dünger für hochaufgehängte Aufgaben.

GEHEIMTIPP

Besonders gut gelingt es Ihnen, wenn Sie auch Stachelbeer-Aufgaben wie kostbare Passionsfrüchte behandeln.

VERARBEITUNGSHINWEIS

Achten Sie darauf, dass Sie sich bei der Zubereitung von Fallobst nicht die Frage stellen: »Was will ich kochen?«, sondern: »Was kann ich aus dem, was ich habe, Besonderes zubereiten?«

FERTIGREZEPT

Machen Sie das Beste aus Ihrer Zutaten-Situation, dann besitzen Sie die Fähigkeit, aus nichts alles zu machen.

ZUTATEN

- der richtige Blick und die richtige Haltung
- ein scharfes Messer
- ein Entsafter
- hochprozentiges Engagement
- ein blickdichtes Gefäß
- ehrliche Dankbarkeit für das, was Sie haben
- Wertschätzung auch für Fallobst
- eine Idee, was Sie daraus machen
- uneingeschränktes Herzblut

WIE SIE DEN MUT FINDEN, IN FREMDEN TÖPFEN ZU RÜHREN

Nicht nur die Gastronomie ist dank der Globalisierung durch eine internationale Vielfalt geprägt. Auch andere Branchen bieten die Möglichkeit, in fremde Töpfe und damit weit über den eigenen Tellerrand zu schauen. Auslandserfahrungen gehören nicht nur bei Führungskräften schon fast zu den Grundzutaten einer chancenreichen Karriere. Aber wie schaffen Sie den Schritt vom heimischen Herd zum »international breakfast«? Wie finden Sie heraus, ob Ihnen spanische Tapas, mexikanische Chilis oder thailändische Satés schmecken und ob Ihnen ein Topfwechsel gut bekommt?

Weltenkenner, die sich in fremden Küchen zu Hause fühlen, sind die vielseitigeren Köche.

Unser Rezeptvorschlag:

Fernweh-Allerlei mit unbegrenzten Möglichkeiten

Vorbereitung

Sie macht nur das Essen wie bei Muttern glücklich und es existiert für Sie auch nur ein Wein auf der Welt, der es verdient hat, von Ihnen getrunken zu werden? Dann tauschen Sie Bad Salzuflen besser nicht gegen Singapur und bleiben Sie, wo Sie sind.

Wenn Sie aber neugierig alles probieren, gerne auch mal länger an einer Sache knabbern und eine gegrillte Heuschrecke nicht gleich zum Bremsklotz wird, dann lassen Sie sich das Abenteuer Ausland auf keinen Fall entgehen.

Auch wenn es nicht immer das reinste Honigschlecken ist, wenn Sie aus fremden Schüsseln schöpfen, füllen Sie damit nicht nur Ihren Erfahrungsschatz, sondern auch Ihr persönliches Gewürzregal.

Zubereitung

1. Signalisieren Sie Ihrem Unternehmen bereits bei den ersten Anzeichen von Fernweh-Hunger, dass Sie sich vorstellen können, Ihre Brötchen für eine Weile im Ausland zu verdienen.

2. Machen Sie sich dabei aber keine Illusionen. Ein berufliches Schlaraffenland werden Sie auch jenseits der Grenzen selten finden. Das schnelle Geld wächst auch in der Karibik nicht auf Palmen.

3. Andere Kulturen und deren Einflüsse können zu einer ganz besonderen Gewürznote für Ihre Vita werden. Das setzt aber voraus, dass Sie ihnen offen und wertschätzend gegenüberstehen. Schnuppern Sie den schmackhaften Duft der großen weiten Welt und packen Sie alle Erfahrungen als kostbare Petit-Fours in Ihren Picknickkorb.

4. Machen Sie sich klar, dass auch im australischen Outback niemand auf Sie wartet. Sie dürfen bestenfalls für eine Weile am Feuer eines Fremden sitzen. Freuen Sie sich, wenn er nicht nur sein Brot, sondern auch dessen Geschichte mit Ihnen teilt.

5. Bevor Sie Deutschland verlassen, sollten Sie sich nicht nur die Sprache, sondern auch interkulturelle Erkenntnisse einverleibt haben. Das schützt Sie davor, ins Fettnäpfchen zu treten.

6. Legen Sie sich während Ihrer Reisevorbereitungen Ihr Trinkgeld zurück und schaffen Sie sich damit eine Reserve für Durststrecken in fremden Gefilden.

7. Vergessen Sie nicht, bereits bei Ihrem Start in neue kulinarische Welten die Weichen für die Rückkehr zu stellen. Speisen Sie bereits im Vorfeld Versicherungen und

Ämter mit allen relevanten Informationen ab.

8. Haben Sie den Mut, sich an fremde Tische zu setzen. Lassen Sie nichts aus, probieren Sie alles, was den Weg auf Ihren Tisch findet, denn jedes Häppchen fördert nicht nur Sprachkenntnisse und Führungskompetenzen, sondern auch Ihre persönliche Reife.

GEHEIMTIPP

Besonders gut gelingt es Ihnen, wenn Sie nicht zu viel vom »Gelobten Land« erwarten. Dann können Sie sich positiv überraschen lassen.

VERARBEITUNGSHINWEIS

Wer noch nie den Finger in fremde Töpfe gesteckt hat, weiß nicht, wie gut es zu Hause schmeckt.

Selbst wenn Ihnen der Auslandsaufenthalt mit einem negativen Nachgeschmack in Erinnerung bleibt, so sorgt er doch dafür, dass Sie die Zeit am heimischen Herd jetzt viel mehr genießen.

FERTIGREZEPT

Erkundigen Sie sich in Ihrem Unternehmen unbedingt nach fertigen Auslandsmenüs. So müssen Sie sich nicht mühsam jeden Gang selbst zusammensuchen.

ZUTATEN

- ausreichend Fernweh-Hunger ohne Bremsklötze
- interkulturelle Offenheit und Neugier
- unbegrenzte Probierfreude
- ein Picknickkorb
- ein finanzielles Pölsterchen
- eine gute Vorbereitung, preparation, préparation, preparación
- nicht zu viele Erwartungen
- eine ordentliche Prise Mut
- eine Rückkehrversicherung

WIE SIE SICH DAS GROSSE FRESSEN GÖNNEN

Selbstverständlich leben Sie beruflich euphoriereduziert und begeisterungsarm. Schließlich ist schlanke Wirtschaftlichkeit nicht nur politisch korrekt, sondern auch wunderbar selbstbescheiden und sichert Ihnen den uneingeschränkten Respekt aller Mitesser. Ihre Erfolge bleiben grundsätzlich unbehandelt, schließlich wollen Sie nicht als übergewichtig erscheinen. Sie verzichten konsequent auf Vitamin B und betrachten jede Vergnügungs-

wampe mit Sauerampfer-Blick. Wie Zucker schmeckt, wissen Sie gar nicht mehr. Alles Süße hat seine Berechtigung in Ihrem Leben schon lange verloren. Stattdessen verhungern Sie aus Überzeugung vor vollem Teller, denn wer sich nichts entsagt, macht irgendwas falsch, ist oberflächlich und keinesfalls ernst zu nehmen. Daher nehmen Sie vom maßlosen Mäßigen in allen Lebensbereichen vorsichtshalber jeden Tag noch einen Nachschlag.

Ein Leben mit Genuss lohnt sich. Alles andere ist keins.

Unser Rezeptvorschlag:

Vollfettes Leben zwischen Himmel und Erde mit Kichererbsen-Plätzchen*

Vorbereitung

Leben und genießen wird in unserer FDH-Gesellschaft immer schwieriger. Umso wichtiger ist es, sich zwischen Knäckebrot und Magerquark die Hochgenüsse, die das Berufsleben bietet, nicht vom Löffel nehmen zu lassen.

Denn ohne den Sinn für die kleinen Freuden des Alltags, den Quatsch mit den Kollegen und die Freude über Erfolge verhungert Ihre Seele und wird zum staubigen Trockenfutter.

Wenn Sie verlernt haben, ohne schlechtes Gewissen zu genießen, Erfolge zu feiern und sich hemmungslos mit beiden Händen dem großen Fressen hinzugeben, dann tun Sie gut daran, Ihre Genussfähigkeit wieder ganz bewusst zu trainieren. Denn daraus schöpfen Sie unendlich viel Lebensfreude und Kraft.

(*enthält Zufriedenheitsverstärker)

Zubereitung

1. Hin und wieder lädt Sie Ihr Berufsleben zur Doppelrahmstufe ein. Lassen Sie dann die Kalorien Überstunden abfeiern und hauen Sie lustvoll und ohne Rücksicht auf Zugewinne rein.

2. Legen Sie sich in diesen Zeiten also nicht zwanghaft die fettfreie Salami auf nachweislich kohlehydratfreies Brot und nippen dazu nicht immer noch schuldbewusst am alkoholfreien Bier, denn dann führen Sie ein ebenso energie- wie genussfreies Leben.

3. Ein alter Lebensküche-Mythos lautet: »Erst kommt das Zwiebelhacken und dann das Vergnügen!« Aber Vergnügen und Genuss brauchen weder Legitimation noch müssen sie verdient werden.

   Es gibt sie überall – ob beruflich oder privat – sogar gratis, wenn Sie es sich gönnen.

4. Springen Sie also weder bei Fragen nach Verantwortung, Umwelt und Gesundheit noch durch kritische Blicke Ihrer Kollegen auf das spaßreduzierte Ernst-des-Lebens-Tablett auf und feiern Sie auch einfach belegte Ereignisse mit doppelstöckiger Sahnetorte.

5. Laden Sie dazu alle ein und fahren Sie richtig auf. Geteilte Freude macht nämlich doppelt satt.

6. Genießen Sie das nachfolgende Suppenkoma nicht nur in halber, sondern in doppelter Portion und nehmen Sie die Reste gerne mit nach Hause.

7. Futtern Sie sich ruhig etwas Vergnügungsspeck an, das schafft Kraftreserven für die nächsten Herausforderungen.

8. Schlagen Sie ab und zu beherzt über die Stränge. Verlieren Sie sich mit dem allerbesten Gewissen im Augenblick und lassen Sie hingebungsvoll alle noch so guten Vorsätze fallen wie eine heiße Kartoffel. Ein unvernünftiger Genuss-Rausch macht den Kohl nicht fett, aber Ihren Alltag umso köstlicher.

GEHEIMTIPP

Besonders gut gelingt es Ihnen, wenn Sie sich täglich einen einzeln verpackten Genuss-Keks auf die Untertasse Ihres Alltags legen.

VERARBEITUNGSHINWEIS

Gerade während Durststrecken vertreibt ein Gute-Laune-Essen garantiert jede schlechte Stimmung.

FERTIGREZEPT

Verpassen Sie keine Gelegenheit, ein großes Fressen zu genießen.

ZUTATEN

- grenzenlose Genussfähigkeit
- ein gutes Gewissen
- immer griffbereites Gratis-vergnügen
- doppelstöckige Sahnetorte
- ein Doggy-Bag für die Reste
- täglich ein Genuss-Keks
- Gute-Laune-Essen

TYPOLOGIE

Keine Küche kommt ohne gute Teamarbeit aus. Seien Sie die bindende Stärke und KREIEREN SIE DURCH IHR VERHALTEN AUS DEN EINZELNEN ZUTATEN EIN FREUNDLICHES MITEINANDER.

Mit guten Freunden gelingt und schmeckt es noch besser.

DER SCHAUMSCHLÄGER

CHARAKTERISIERUNG

Er hebt unter jedes Thema eine ordentliche Portion Luft, womit er nicht nur für ein größeres Volumen und eine Menge Wirbel, sondern auch für mehr Leichtigkeit sorgt.

Er verkauft sich strategisch gekonnt als 5-Sterne-Koch, gibt überall seinen Senf dazu und weiß selbstverständlich alles und vor allem besser.

VERHALTENSEMPFEHLUNG

Stehlen Sie ihm nicht die Schau, das kostet Sie nur wertvolle Ressourcen. Genießen Sie seine rhetorischen Winkelzüge und machen Sie sich unbedingt seine Kompetenz in der Eigenvermarktung zunutze. Lassen Sie sich von seinem unerschütterlichen Optimismus sowie seiner Leichtigkeit anstecken und erarbeiten Sie mit ihm gemeinsam die besten Ideen.

DER MESSLÖFFEL

CHARAKTERISIERUNG

Der Messlöffel ist präzise, korrekt und überaus fleißig, aber sehr still. Er bemüht sich, alles hundertprozentig richtig zu machen, sich genau ans vorgegebene Rezept zu halten und wägt dabei ebenso zuverlässig wie bescheiden jedes Für und Wider ab. So ist er oft maßgeblich am abgerundeten Erfolg beteiligt, ohne sich dessen wirklich bewusst zu sein. Flexibilität ist nicht seine Stärke, Mut auch nicht – aber Beständigkeit.

VERHALTENSEMPFEHLUNG

Wenn Sie auf Nummer sicher gehen wollen, gibt es niemanden, auf den Sie sich mehr verlassen können. Bauen Sie vorsichtig und behutsam mit Anerkennung und wohldosiertem Lob Vertrauen auf. Geben Sie das Ziel vor, aber Vorsicht: Zu viel Druck und Last kann er nicht ertragen.

DER PFANNENWENDER

CHARAKTERISIERUNG

Er sieht grundsätzlich nicht nur das, was an der Oberfläche liegt, sondern geht der Sache auf den Grund. Er dreht und wendet jedes Thema, bis er alle Seiten gesehen und ordentlich durchgegart hat. Zwischen einerseits und andererseits legt er sich allerdings ungern fest. Er bezieht keine klare Position und trifft auch keine Entscheidung zwischen süß und sauer.

VERHALTENSEMPFEHLUNG

Die Zusammenarbeit mit ihm kostet Sie manchmal Geduld und Zeit, weil dieser Kollege immer alle Aspekte in Betracht zieht. Nutzen Sie diesen differenzierten Blick als Entscheidungshilfe. Mit seiner Arbeitsweise können Sie alle Argumente in die Waagschale legen und so zu einem besseren Ergebnis kommen.

DER TAUCHSIEDER

CHARAKTERISIERUNG

Dieser Küchengeselle erwärmt sich für alles und jeden. Dabei hört er gut zu und merkt sich auch noch so kleine Details. Oft hängt er sich aber auch zu sehr in alles rein. Dann heizt er Themen an und bringt nicht selten die Gerüchteküche zum Überkochen.

VERHALTENSEMPFEHLUNG

Damit Sie sich nicht die Finger verbrennen, sollten Sie die Hand am Temperaturregler behalten. Nutzen Sie die leidenschaftliche Hitze des Tauchsieders, um überfällige Projekte anzuheizen.

Vermeiden Sie aber zu viele private Informationen. Lassen Sie sich nicht von seiner Hitzigkeit anstecken und nutzen Sie seine Energie, um Sachverhalte gar zu kochen.

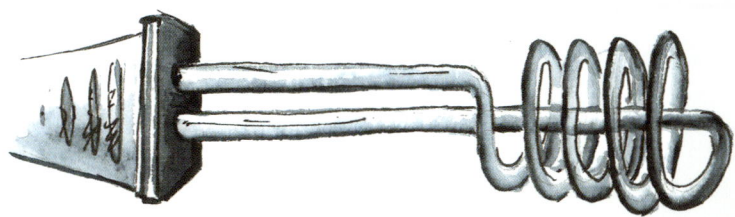

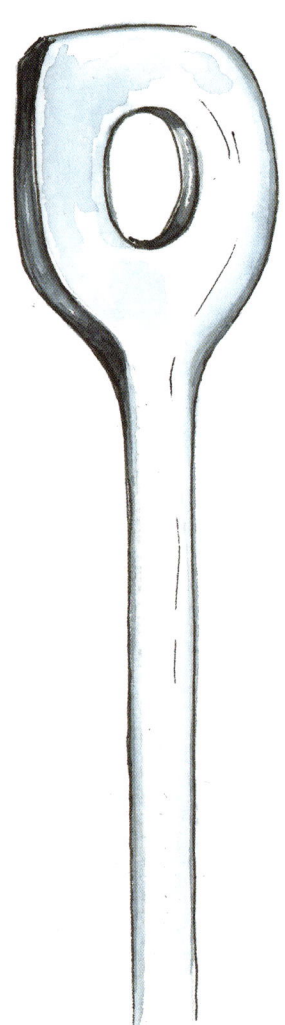

DER KOCHLÖFFEL

CHARAKTERISIERUNG

Egal aus welchem Holz er geschnitzt ist – er ist einfach unersetzbar. Ein Traumkollege wie aus dem Kochbuch, der stets rührend bemüht ist, nichts anbrennen zu lassen. Er krempelt in jeder Situation optimistisch die Ärmel hoch und löffelt gemeinsam mit Ihnen so manches Süppchen aus. Bei ihm verbrennen Sie sich weder die Finger noch den Mund. Er sorgt für ein gutes Klima, Spaß bei der Arbeit und er hat immer ein offenes Ohr für seine Kollegen.

VERHALTENSEMPFEHLUNG

Den Kochlöffel sollten Sie sich unbedingt zum Freund machen. Sorgen Sie dafür, dass Sie ein ehrliches Vertrauensverhältnis und eine persönliche Nähe zu ihm aufbauen, dann können Sie sich wirklich immer auf ihn verlassen. Dazu gehört auch, dass Sie für ihn ebenso griffbereit sind wie er für Sie. Vermeiden Sie es unbedingt, ihn auszunutzen, denn das mag der ansonsten friedfertige Geselle nicht – und dann gibt's was mit dem Kochlöffel.

DER EIERPIKSER

CHARAKTERISIERUNG

Seine Nadel sitzt so gekonnt, dass er aus allem die Luft rauslässt, was eben noch wie das Gelbe vom Ei erschien. Provokant und unbequem stachelt er gerne an, bricht verkrustete Strukturen auf und bringt damit Verborgenes ans Licht. Konstruktive Vorschläge sind nicht seine Stärke – dafür deckt er aber zuverlässig und sachlich alle Sollbruchstellen auf.

VERHALTENSEMPFEHLUNG

Seien Sie sich Ihrer Persönlichkeit bewusst und sorgen Sie mit einer ordentlichen Portion Optimismus dafür, dass er Sie nicht persönlich verletzt, denn das ist selten sein Ziel. Dann durchsieben Sie seine kritischen Äußerungen nach wertvollen Hinweisen und nutzen Sie die aufgebrochenen Strukturen als Basis für eine positive Weiterentwicklung. Manchmal hilft auch ein kleines Lob, das seine Stiche etwas entschärft, um in eine außerordentlich fruchtbare Kooperation mit ihm zu gelangen.

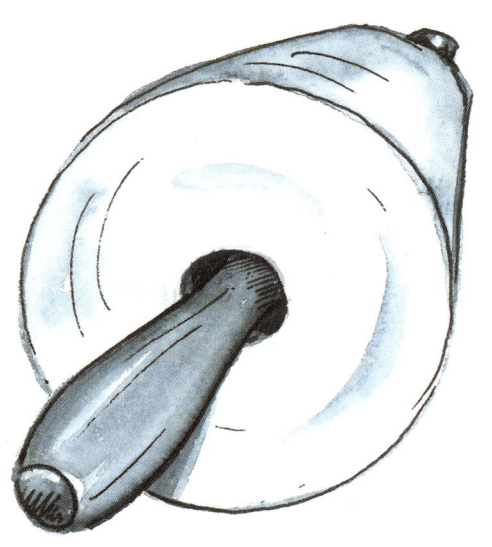

DAS NUDELHOLZ

CHARAKTERISIERUNG

Scheinbar unsensibel und laut walzt er alles platt und man bekommt schnell den Eindruck, dass dieser Kollege sich nicht nur ständig um sich selbst dreht, sondern auch nur »flach« kann. Aber oft verbirgt sich dahinter gar kein so grober Holzklotz, wie es scheint, sondern ein energiegeladener Powerkollege, der schnell und effizient zu Potte kommen will.

VERHALTENSEMPFEHLUNG

Schenken Sie ihm Ihr Interesse und suchen Sie das Gespräch. Wenn Sie es schaffen, ihm ein wenig Sensibilität näherzubringen, dann bügelt er garantiert auch mal das ein oder andere in Ihrem Sinne aus. Geben Sie ihm aber nie zu viele Informationen, so bekommt er keine Möglichkeit, irgendetwas breitzutreten.

DER NUSSKNACKER

CHARAKTERISIERUNG

Pur und ohne große Beilagen findet dieser stille Vertreter immer den richtigen Hebel, um nahezu jede Nuss effizient zu knacken. Die Lösungen, die er entwickelt, sind ein Hochgenuss und auf geniale Weise einfach in der Zubereitung. Oft ist er dadurch eine unersetzliche Zutat für den Unternehmenserfolg.

VERHALTENSEMPFEHLUNG

Machen Sie nicht viele Worte. Formulieren Sie klare Aufgabenstellungen und servieren Sie immer nur eine Nuss nach der anderen, denn mehrere auf einmal überfordern ihn schnell. Nach der Aufgabenstellung ebenso wie nach der wortkarg präsentierten Lösung will er vor allem eins: in Ruhe gelassen werden. Emotionen, zu viel Nähe oder überschwängliche Begeisterung für seine Arbeit sind ihm lästig oder peinlich. Vergessen Sie dennoch nicht ein kurzes, fachliches Lob, am besten per Mail.

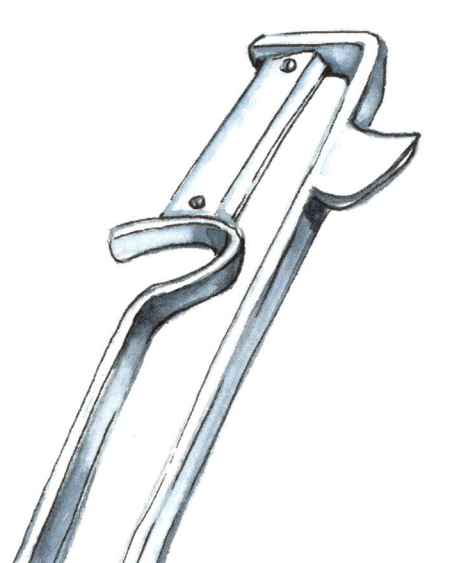

DER SPARSCHÄLER

CHARAKTERISIERUNG

Er ist der ideale Partner, wenn es bei einem Galadinner an nichts fehlen, die Kosten aber trotzdem im Auge behalten werden sollen. Er legt jedes Gramm auf die Goldwaage, nutzt auch Reste noch ökonomisch und vergeudet nichts – übrigens auch nicht die Zeit, die er für sein Erbsenzählen investiert.

VERHALTENSEMPFEHLUNG

Die Zusammenarbeit mit ihm ist manchmal mühsam und kostet viel Geduld. Aber mit ihm an Ihrer Seite lernen Sie das gute Gefühl der Kosteneffizienz schätzen. Respektieren Sie den Rahmen, den er absteckt, und genießen Sie die Sicherheit, die er liefert.

DIE TEFLONPFANNE

CHARAKTERISIERUNG

Dieser patent beschichtete Saubermann gart bei mäßiger Hitze, wobei er Projekte gekonnt von links nach rechts schwenkt. Scharfes Anbraten liegt ihm nicht, dafür brennt ihm aber auch nichts an, und nur bei absoluter Überhitzung kann es kritisch werden. Seine charakteristische Oberfläche schützt ihn davor, dass irgendetwas haften bleibt – auch keine Verantwortung.

VERHALTENSEMPFEHLUNG

Bei Projekten, die rasch und ohne großes Anbacken durchgeführt werden sollen, ist er der Richtige. Aber denken Sie daran, dass dieser Kollege eine empfindliche Oberfläche hat und nur bedingt kratzfest ist. Also benutzen Sie kein scharfes Tranchiermesser beim Filetieren seiner Projekte.

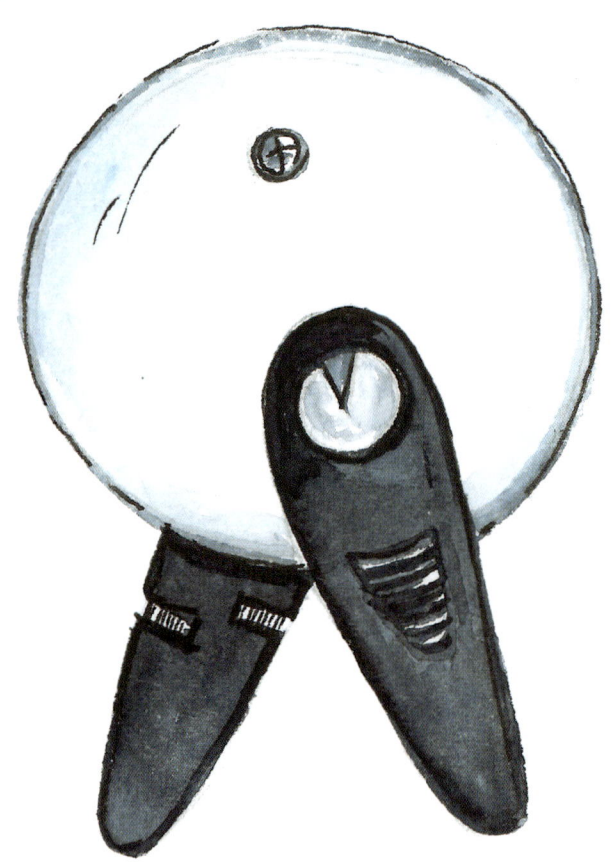

DER SCHNELLKOCHTOPF

CHARAKTERISIERUNG

Ein heißer Typ, der immer unter Druck steht, um kurze Garzeiten zu garantieren. Ob Projekte, Partner oder Kollegen dabei geschont werden, kann er nicht versprechen. Denn manchmal steht er so sehr unter Dampf, dass der Deckel hochzugehen droht. In der Regel hält aber sein patentierter Sicherheitsverschluss und die Ergebnisse, die er liefert, sprechen geschmackvoll für sich.

VERHALTENSEMPFEHLUNG

Lassen Sie ihn ohne Sorgen vor sich hin zischen und nutzen Sie seine druckvollen Fähigkeiten, um Prozesse voranzubringen. Bleiben Sie im Umgang mit ihm professionell, damit Sie ihn im Zweifelsfalle runterkühlen und dosiert Druck ablassen können. Aber Vorsicht: Behalten Sie sein Ventil stets im Auge und entriegeln Sie den Verschluss erst, wenn der Dampf raus ist.

DER SLOW COOKER

CHARAKTERISIERUNG

Typisch für ihn ist, dass er lange – oft auch sehr lange – im eigenen Saft schmort und sich ebenso lange von niemandem in den Topf schauen lässt, bis er schließlich ein wirklich ausgekochtes und hochkonzentriertes Ergebnis serviert. Energieeffizient und außerordentlich schonend bleibt er zuverlässig unter dem Siedepunkt – auch wenn es heiß hergeht. Geschwindigkeit entspricht nicht seiner Philosophie, dafür aber Qualität.

VERHALTENSEMPFEHLUNG

Geben Sie ihm die Zeit, die Ruhe und den Raum, den er braucht. Stören Sie ihn nicht, haken Sie nicht permanent nach und stellen Sie keine engen Terminpläne auf, denn dieser Kollege braucht Geduld. Diese lohnt sich, denn das Ergebnis wird Sie begeistern.

DIGESTIF

Sind Sie schon satt? Haben Sie tatsächlich alles schon verinnerlicht und verdaut?

Keine Angst, hier gilt: All you can eat!

SIE KÖNNEN SICH SO OFT SIE WOLLEN VOM BÜFETT BEDIENEN.

Am besten
alles noch mal
Menü passieren
lassen

DIE CHEF-KÖCHINNEN

Mit einem Topf voll Leidenschaft, einer großen Portion Spaß, dem ein oder anderen Gewürzduell und einem Gläschen Küchenwein haben die Gastgeberinnen Rezepte kreiert, um jede berufliche Geschmacksvariante zu einem wohlschmeckenden Erlebnis zu machen.

Kosten Sie nach Herzenslust und picken Sie sich Ihre Rosinen raus.

GUTEN HUNGER – AUF EIN GLÜCKLICHES BERUFSLEBEN!

ASTRID BRAUN-HÖLLER

IHR LEIBGERICHT: PERSONELLE CUISINE FÜR KÜCHENCHEFS, KÜCHENTEAMS UND ZULIEFERER

Astrid Braun-Höller hat einen unstillbaren Hunger auf Unternehmen, die eine ehrliche Küche und gute Tischsitten bevorzugen. Egal ob Großkonzerne oder Familienunternehmen, die leidenschaftliche Personal-Expertin und PR-Spezialistin entwickelt auf Zuruf individuelle Rezepte und ist in vielen namhaften Küchen zu Gast. Sie liebt es, in fremden Töpfen zu rühren, ihr Know-how in Form von Büchern, Coachings und Workshops unterzuheben und mit ihren Ideen die Spezialitäten des Hauses zu verfeinern.

IHR TÄGLICH BROT

Seit über 20 Jahren ist Astrid Braun-Höller ihre eigene Küchenchefin, die individuelle Strategie-Rezepte kreiert und Unternehmen dabei unterstützt, perfekte Küchenteams zusammenzustellen und attraktive Arbeitgeber zu sein. Sie kommt ohne Umschweife zur Firmen-Essenz und sagt als Testesserin offen und ehrlich, was ihr schmeckt und was nicht. Mit einem umfangreichen Sortiment an Geheimzutaten sorgt sie für die unverwechselbare Unternehmens-Würze.

IHR SAHNEHÄUBCHEN

Mit einer feinen Nase für Trends, einem sicheren Gespür für Menschen und deren Talente, einer großzügigen Portion Inspiration und einer Prise Humor serviert die Inhaberin einer Agentur für Kommunikation und Strategie das perfekte Dinner, mit dem Firmen jeder Größe oder auch Privatpersonen einen Gang zulegen können.

Ihr Leibgericht: Buchstabensuppe aus dem Wörtersee

Kommunikation ist für Katharina Pohl aus Bad Neuenahr die größte und wichtigste Zutat des Lebens. Sie genießt das Spiel mit den Begriffen, lässt sich gerne die Nuancen und Doppeldeutigkeiten unserer Sprache auf der Zunge zergehen und kann sich nicht sattsuchen an den richtigen Worten.

Ihr täglich Brot

Als Konzeptionerin der Full-Service-Werbeagentur Marketingflotte, Gründerin des Coaching-Unternehmens WendePohl und Mutter von zwei Kindern stehen Botschaften seit vielen Jahren bei ihr im Lebens-Mittel-Punkt. So lässt sie sich immer wieder neue Leckerbissen einfallen, um Menschen mit ihren Ideen zu begeistern und zu begleiten. Ihre Worte sind vielfältig, bunt und mit einem Augenzwinkern garniert. Sie geben dem Geist Nahrung, malen Bilder in den Kopf und Gefühle in den Bauch.

Ihr Sahnehäubchen

Neben der Begeisterung für Kochlöffel und Tastatur schwingt die gebürtige Kölnerin mit ebenso großer Hingabe auch den Pinsel. Und da das Auge ja bekanntlich mitisst, gibt die Diplom-Grafik-Designerin den Rezepten durch ihre pfiffigen Aquarell-Illustrationen ein vielsagendes Gesicht.

Katharina Pohl

„Wie hätten Sie's denn gern?"

WIR SERVIEREN IHNEN DIESES BUCH AUCH ALS:

GEBRANDETE VERSION

mit Ihrem Logo auf der Titelseite

PERSONALISIERTE VERSION

mit eingedrucktem Namen als persönliches Geschenk
für Ihre Mitarbeiter, Kollegen und Partner.

SONDERDRUCK

als Auszug oder mit Ihren Wunschthemen

Kontaktieren Sie uns bei Interesse gern unter
info@gabal-verlag.de.

Darf's ein bisschen mehr sein?

UNSER NACHSCHLAG:

INCENTIVE-VERANSTALTUNGEN

mit Liveaktionen oder Vorträgen der Autorinnen

KEYNOTES

bei Kongressen, Tagungen, Konferenzen, Kochevents.

KONTAKT

www.wiehättensiesdenngern.de

Eigene Notizen